21世纪高等学校计算机规划教材

高等学校应用型本科系列教材

C语言程序设计实验指导

The Practice of C Programming Language

主　编：杨曙贤

副主编：吕艳阳 赵昕 席二辉

主　审：刘发久

编委会成员：（排名不分先后）

孟建晖	张文	杨华琼	韩芳	康晶晶	高艳
张海绒	杨倩倩	王龙	李青云	张丽霞	陈少华
高宇鹏	李鑫	魏丽娟	章五一	张举	张帆
丁戎	范铁林	张晓磊	徐志强	路璐	王庆军

高校系列

人民邮电出版社

北京

图书在版编目（CIP）数据

C语言程序设计实验指导 / 杨曙贤主编. -- 北京：
人民邮电出版社，2014.9
21世纪高等学校计算机规划教材
ISBN 978-7-115-36083-0

Ⅰ．①C… Ⅱ．①杨… Ⅲ．①C语言－程序设计－高等
学校－教学参考资料 Ⅳ．①TP312

中国版本图书馆CIP数据核字(2014)第159997号

内 容 提 要

本书是主教材《C语言程序设计》的配套实验指导性教材，以提升读者的实践应用能力为出发点，采用"实验目的、内容、习题"的模式，从大量的实例及习题入手，由浅入深地对 C 语言程序设计的理论知识以实验应用的形式加以概括。

全书共分为 10 章，分别用实例及习题介绍了 C 语言开发环境的使用、数据类型与基本运算、输入输出语句、分支结构、循环结构、函数、数组、指针、结构体和共用体、文件。本书还收集整理了 C 语言模拟题和部分选自历年 C 语言的二级考试的考题。其内容翔实、目标明确、实用性强，使读者通过实例及习题能够轻松愉快地掌握 C 语言程序设计的方法和应用。

本书既适合作为本科以及大中专院校计算机专业、信息专业的 C 程序设计教材的习题指导用书，也适合参加培训、考试、考级的非计算机专业人员及广大计算机爱好者作为自学和参考用书。

◆ 主　编　杨曙贤
　　副主编　吕艳阳　赵昕　席二辉
　　主　审　刘发久
　　责任编辑　邹文波
　　执行编辑　吴　婷
　　责任印制　彭志环　焦志炜

◆ 人民邮电出版社出版发行　北京市丰台区成寿寺路 11 号
　　邮编　100164　电子邮件　315@ptpress.com.cn
　　网址　http://www.ptpress.com.cn
　　北京艺辉印刷有限公司印刷

◆ 开本：787×1092　1/16
　　印张：8.25　　　　　2014 年 9 月第 1 版
　　字数：213 千字　　　2014 年 9 月北京第 1 次印刷

定价：24.00 元
读者服务热线：(010)81055256　印装质量热线：(010)81055316
反盗版热线：(010)81055315

前言

  C 语言是广泛使用的程序设计语言,它因为拥有强大的功能,丰富的数据类型,兼具面向硬件编程的低级语言特性、可移植性好等特性,已成为主流应用的开发软件语言。

  C 语言程序设计是高校重要的计算机基础课程。在学习该课程的过程中,学生不仅要掌握高级程序设计语言的知识,更重要的是在实践中逐步培养问题求解和实践应用能力。C 语言功能强大,编程灵活,特色鲜明,要学好这门课程,不仅要掌握 C 语言的基本概念、语法规则以及基本编程算法,更重要的是进行实践,真正能够利用所学的知识,动手编写程序,解决实际问题。这就要求必须加强这门课程的实践环节,通过大量的不同层次的针对性训练,积累编程经验,提高程序设计能力。

  本书着重实践训练,内容详细。每章均由实验目的、实验内容和习题组成。实验目的,说明了本章的主要内容,要掌握的重点;实验内容有本章的常见题型及一些扩展题型,帮助学生提高编写程序的能力及方法;习题有助于学生进行自我检测。

  本书凝聚了编者多年在实际软件开发、管理、教学、科研中的经验和体会,既适合作为大中专院校 C 语言程序设计教材的实验指导书,也适合作为参加培训、考试、考级的人员及广大计算机爱好者的自学和参考用书。

  本书编者为山西农业大学信息学院信息工程系从事一线教学的老师。全书由杨曙贤担任主编,其中第 1 章、第 3 章、第 4 章、第 9 章由吕艳阳编写,第 2 章、第 5 章、第 8 章由赵昕编写,第 6 章、第 7 章、第 10 章由席二辉编写。在编写的过程中,得到了专家、同事和朋友的无私帮助和指导,使得书中的内容更加完善,我们对此表示诚挚的谢意。

  最后,向对该书的编撰给予大力支持的姚来昌、林凤彩和唐志宏三位教授以及学院教务处的领导和工作人员致以衷心的感谢。

  由于编者水平有限,书中疏漏和不足之处在所难免,敬请有关专家和广大读者不吝指正。

编 者

2014 年 6 月

目 录

第1章
熟悉 Visual C++ 开发环境

在程序设计中，C 语言的应用很广泛，很多著名软件，如操作系统 UNIX，就是用 C 语言写的。不管是操作系统，还是应用软件，都需要良好的开发环境。用一个简陋的开发工具，开发一个大型项目，显然是非常困难的。Visual C++（简称 VC）是 Windows 下的一个功能强大的开发环境。本章重点介绍 VC 开发环境的使用，其余的将在以后各章陆续介绍。

1.1 实 验 目 的

1. 了解 VC 开发环境及程序开发过程。
2. 了解 C 语言的语法结构和书写格式。
3. 掌握 C 语言数据类型以及变量的定义和赋值。
4. 掌握 C 语言程序的编辑、编译、链接和运行的过程。

1.2 实 验 内 容

1.2.1 VC 开发环境的使用（1 学时）

现在常用的版本 Visual C++ 6.0，虽然已有公司推出汉化版，但只是把菜单汉化了，并不是真正的中文版 Visual C++ 6.0，而且汉化的用词不准确，因此许多人都使用英文版。如果计算机中未安装 Visual C++ 6.0，则应先安装 Visual C++ 6.0 软件。

1. 安装 Visual C++ 6.0

Visual C++是 Microsoft Visual Studio 的一部分，因此需要找到 Visual Studio 的光盘，执行其中的 setup.exe，并按照屏幕上的提示进行安装即可。

安装结束后，在 Windows 的"开始"菜单中的"程序"子菜单中就会出现 Microsoft Visual Studio 子菜单。在需要使用 Visual C++时，只需从电脑上选择"开始"→"程序"→Microsoft Visual Studio→Visual C++ 6.0（也可以从桌面快捷方式进入）即可。

屏幕上短暂显示 Visual C++ 6.0 的版权界面后，出现 Visual C++ 6.0 的主窗口，如图 1-1 所示。

Visual C++ 6.0 主窗口的顶部是 Visual C++的主菜单栏，其中包括 9 个菜单项：File（文件）、Edit（编辑）、View（查看）、Insert（插入）、Project（工程）、Build（组建）、Tools（工具）、Window（窗口）、Help（帮助）。以上各项在括号中的是 VC6.0 中文版中的中文显示，便于读者在使用 VC6.0 中文版时进行对照。

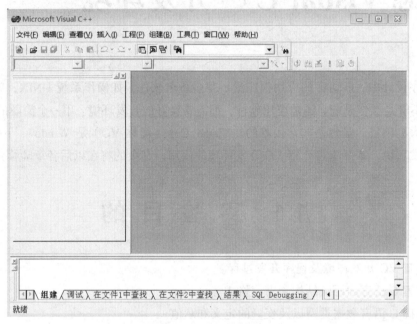

图 1-1　VC++ 6.0 主界面

2．编辑程序

单击 File 菜单，在下拉菜单中单击 New，弹出一个对话框，单击此对话框的左上角的 File（文件）选项卡，选择 C++ Source File 选项，输入文件名为 ex1.c。

输入并运行以下程序：

```
#include <stdio.h>
void main( )
{
    printf("This is a c program\n");
}
```

3．运行程序

单击主菜单栏中的 Build（组建），在其下拉菜单中选择 Compile（编译）项。

屏幕上出现一个对话框（注：如果事先已经建立了工作区，则不会出现这个对话框），内容是 This build command requires an active project workspace.Would you like to create a default project workspace?（此编译命令要求一个有效的项目工作区，你是否同意建立一个默认的项目工作区？）单击是（Y）按钮，表示同意由系统建立默认的项目工作区，屏幕如果继续出现"将改动保存到…"，单击是（Y）。运行程序（Build 菜单→!Execute 命令），程序运行结果如下。

　第二行文本为 VC 环境自动生成的提示信息，按任意键关闭窗口。

1.2.2　简单程序练习（1 学时）

1．输入并调试以下程序，输出两个整数。

```
#include <stdio.h>
void main( )
{
    int  c1,c2;
    c1=97;
    c2=98;
    printf("%d  %d\n",c1,c2);
}
```

2．输入并调试以下程序，输出文本内容。

```
#include <stdio.h>
void main( )
{
    printf("*****************\n");
    printf("This is c program \n");
    printf("*****************\n");
}
```

3．输入并调试以下程序，对两个整数 123、456 求和并输出。

```
#include <stdio.h>
void main( )
{
    inta,b,sum;
    a=123;
    b=456;
    sum=a+b;
    printf("sum is %d \n", sum );
}
```

1.3　习　　题

1．一个 C 语言程序是由（　　）构成。

（A）语句　　　　　　（B）行号　　　　（C）数据　　　　　（D）函数

解析：C 语言由函数组成。

答案：D

2. 一个 C 程序的执行是从（　　　）。

（A）本程序的 main 函数开始，到 main 函数结束

（B）本程序文件的第一个函数开始，到本程序文件的最后一个函数结束

（C）本程序的 main 函数开始，到本程序文件的最后一个函数结束

（D）本程序文件的第一个函数开始，到本程序 main 函数结束

解析：main 函数是程序执行主函数。

答案：A

3. C 语言规定，在一个源程序中，main 函数的位置（　　　）。

（A）必须在最开始　　　　　　　　（B）必须在系统调用的库函数的后面

（C）可以任意　　　　　　　　　　（D）必须在最后

解析：程序与书写格式无关。

答案：C

4. 在 C 语言中，正确的标识符是由（　　　）组成的，且由（　　　）开头的。

解析：C 语言有效标识符的构成规则如下：

（1）第一个字符必须是字母（不分大小写）或下划线（_），然后跟字母（不分大小写）、下划线（_）或数字组成；

（2）标识符中的大小写字母有区别。如，变量 Sum、sum、SUM 代表 3 个不同的变量；

（3）不能与 C 编译系统已经预定义的、具有特殊用途的保留标识符（即关键字）同名。比如，不能将标识符命名为 float、auto、break、case 等。

答案：字母、数字、下划线，　字母、下划线

5. 填空

以下程序对变量 a、b、c 做运算，并输出结果，请将程序补充完整。

```
#include <stdio.h>
main()
{
    inta,b,c;
    _____;
    a=10; b=20; c=30;
    x=a/b+c;
    printf("x= %d",_____ );
}
```

解析：变量要先定义，后使用。

答案：int x；x

6. 程序改错

以下程序对变量 a、b 做运算，在 error 注释标记的下一行程序行有一处错误，请改正。

```
#include <stdio.h>
main()
{
    int a=123,b=456,c;
```

```
    /* error */
    c=a+b
    printf("%d", c);
}
```

解析：分号是 C 语言语句结束标志。

答案：c=a+b 缺少分号

第2章
数据类型与基本运算

2.1 实 验 目 的

1. 掌握 C 语言常量的类型以及各类常量（如整型常量、实型常量、字符常量、字符串常量、符号常量）的书写方式。

2. 掌握 C 语言变量的数据类型及定义方式。能够对变量正确初始化，理解变量的生存期与作用域的含义。

3. 理解不同数据类型间的转换。

4. 掌握 C 语言的算术运算符、赋值运算符、关系运算符、逻辑运算符及其他运算符。

5. 理解运算符的优先级和结合性。

2.2 实 验 内 容

2.2.1 基本数据类型运算（1学时）

（1）启动 VC，单击 File 选项，在下拉菜单中单击 New 命令，弹出一个对话框，单击此对话框左上角的 File（文件）选项卡，选择 C++Source File 选项，输入文件名为 ex2.c。在 Visual C++ 6.0 环境下编辑、编译和运行如下程序：

```c
#include <stdio.h>
void main( )
{
    int a=1,b=2,c;
    c = a + b;
    printf("a=%d,b=%d,c=%d\n",a,b,c);
}
```

程序的运行结果如下。

（2）在 Visual C++ 6.0 环境下编辑、编译和运行如下程序:

```c
#include <stdio.h>
void main( )
{
    int a,b;
    long int x,y;
    int c,d;
    a = 20000;
    b = 30000;
    x = a + b;
    c = 1;
    d = 4;
    y = c * d;
    printf("x=%ld,y=%ld\n",x,y);
}
```

程序的运行结果如下。

　　从程序中可发现: x、y 是长整型, a、b 是基本整型变量。它们之间允许进行运算, 运算结果为长整型。但 c、d 被定义为基本整型, 因此最后结果为基本整型。

　　不同类型的量可以参与运算并相互赋值。

（3）在 Visual C++ 6.0 环境下编辑、编译和运行如下程序:

```c
#include <stdio.h>
main()
{
    char a,b,c;
    a = 97;
    b = 98;
    c = 99;
    printf("%d,%d,%d\n%c,%c,%c\n",a,b,c,a,b,c);
}
```

程序的运行结果如下。

　　本程序中 a、b、c 被定义为字符型, 但在赋值语句中却赋值为整型。从结果看, a、b、c 值的输出形式取决于 printf 函数格式串中的格式符。当格式符为 "d" 时, 对应输出的变量值为整数; 当格式符为 "c" 时, 对应输出的变量值为字符型。

2.2.2 字符及转义字符的输出（1学时）

（1）在 Visual C++ 6.0 环境下编辑、编译和运行如下程序：

```c
#include <stdio.h>
main()
{
    char a,b,A,B;
    a = 'a';
    b = 'b';
    A = a - 32;
    B = b - 32;
    printf("%c,%c\n%c,%c\n",a,b,A,B);
}
```

程序的运行结果如下。

本例中，a、b 定义为字符变量并赋予字符值。C 语言允许字符变量参与数值运算，即用字符的 ASCII 码参与运算。由于大小写字母的 ASCII 码相差 32，因此运算后把小写字母转换成大写字母。

（2）在 Visual C++ 6.0 环境下编辑、编译和运行如下程序，写出程序的运行结果。

```c
#include <stdio.h>
main()
{
    printf("a\tb     format1\n");    //水平制表
    printf("a\vb     format2\n");    //垂直制表
    printf("a\bb     format3\n");    //退格
    printf("a\rb\n   nextline");     //回车
    printf("a\'b'    format4\n");    //单引号
    printf("a\"b     format5\n");    //单引号
    printf("a\101    char1\n");      //3 位八进制数代表的字符
    printf("a\x61    char2\n");      //2 位十六进制数代表的字符
    printf("a\\\\\n    format6");    //反斜杠（\）
}
```

程序的运行结果如下。

2.2.3 数据类型转换（1学时）

（1）练习整型、实型、字符型的混合运算，编辑并运行以下程序：

```c
#include <stdio.h>
void main( )
{
    float a=2.0;
    int b=6,c=3;
    printf("%f\n", 10+'a'-10*a*b/c-1.5);
}
```

运行程序，单击主菜单栏中的 Build（组建），在其下拉菜单中选择 Compile（编译）选项。运行程序（Build 菜单→!Execute 命令），程序运行结果如下。

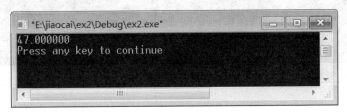

（2）数据运算。

练习数据类型转换，以及整除运算，编辑并运行以下程序：

```c
#include <stdio.h>
void main( )
{
    int a=2;
    float x=4.4;
    printf("%f \n", (float)a );
    printf("%d \n", (int)x );
    printf("%f \n", 5/10 );
    printf("%f \n", (float)5/10 );
}
```

运行程序，单击主菜单栏中的 Build（组建），在其下拉菜单中选择 Compile（编译）选项。运行程序（Build 菜单→!Execute 命令），程序运行结果如下。

（3）自增、自减运算。

练习自增、自减运算，编辑并运行以下程序：

```c
#include <stdio.h>
void main( )
{
    int i=8;
```

```
    printf("%d \n",++i);
    printf("%d \n",--i);
    printf("%d \n",i++);
    printf("%d \n",i--);
    printf("%d \n",-i++);
    printf("%d \n",-i--);
}
```

运行程序，单击主菜单栏中的 Build（组建），在其下拉菜单中选择 Compile（编译）选项。运行程序（Build 菜单→!Execute 命令），程序运行结果如下。

2.3 习　　题

1. 以下选项中，合法的标识符是（　　　）。

（A）1-1　　　　　（B）1—1　　　　（C）-11　　　　（D）1—

解析：A 选项不能以数字开头，出现非法字符 -，而不是_；B 选项不能以数字开头,属于非法字符；C 选项正确；D 选项不能以数字开头，出现非法字符。

答案：C

2. 以下选项中，不合法的标识符是（　　　）。

（A）print　　　　（B）FOR　　　　（C）&a　　　　（D）_00

解析：C 选项出现非法字符&。

答案：C

3. 以下选项中，能用作数据常量的是（　　　）。

（A）o115　　　　（B）0118　　　　（C）1.5e1.5　　　（D）115L

解析：A 选项八进制以 0 开头而不是以 o 开头；B 选项八进制最大值为 7，范围 0~7；C 选项指数必须为整数；D 选项长整型正确。

答案：D

4. 以下选项中，不能作为 C 语言合法常量的是（　　　）。

（A）'cd'　　　　（B）0.1e+6　　　　（C）"\a"　　　　（D）'\011'

解析：A 选项字符常量只能有一个字符。

答案：A

5. 以下选项中，不属于字符常量的是（　　　）。

（A）'C'　　　　　（B）"C"　　　　　（C）'\xCC0'　　　　（D）'\072'

解析：B 选项字符常量以单引号作为标志，其为字符串。

答案：B

6. 表达式：4 (9)%2 的值是（　　　）。

（A）0　　　　　（B）3　　　　　（C）4　　　　　（D）5

解析：(9)%2=1（取余），4−1=3。

答案：B

7. 设变量已正确定义并赋值，以下正确的表达式是（　　　）。

（A）x=y*5=x+z　　　　　　　　（B）int(15.8%5)

（C）x=y+z+5,++y　　　　　　　（D）x=25%5.0

解析：A 选项等号左边必须为变量，不可以为表达式，y*5 是表达式；B 选项%只适用于整型变量；C 选项正确；D 选项%只适用于整型变量。

答案：C

8. 若有定义语句：int x=10;，则表达式 x-=x+x 的值为（　　　）。

（A）−20　　　　　（B）−10　　　　　（C）0　　　　　（D）10

解析：先算右边得 20，x-=20，则 10−20=−10。

答案：B

9. 设有定义：int x=2;，以下表达式中，值不为 6 的是（　　　）。

（A）x*=x+1 x=x*(x+1)

（B）x++,2*x

（C）x*=（1+x）

（D）2*x,x+=2

解析：逗号表达式的最终结果看最后一个表达式，x+=2，结果为 4，所以 D 选项正确。

答案：D

10. 若变量均已正确定义并赋值，以下合法的 C 语言赋值语句是（　　　）。

（A）x=y==5;　　（B）x=n%2.5;　　（C）x+n=I　　（D）x=5=4+1;

解析：等号左边必为变量，不能为常量或数字，排除 C、D 选项，%只能用于整数排除 B 选项，故 A 选项正确。

答案：A

11. 在 Visual C++ 6.0 环境下编辑、编译和运行如下程序，写出程序的运行结果。

```c
#include <stdio.h>
main()
{
    int i,j,k,m,n;
    i=8;
    j=10;
    m=++i;
    n=j++;
    printf("%d,%d\n%d,%d\n",i,j,m,n);
}
```

12. 在 Visual C++ 6.0 环境下编辑、编译和运行如下程序，根据运行结果思考条件表达式的用法。

```c
#include <stdio.h>
main( )
{
    int a,b,max;
    printf("Input two number:\n");
    scanf("%d%d",&a,&b);
    printf("max = %d\n",a>b?a:b);
}
```

13. 在 Visual C++ 6.0 环境下编辑、编译和运行如下程序，根据运行结果，思考逗号表达式的用法。

```c
#include <stdio.h>
main()
{
    int x,y=7;
    float z=4;
    x=(y=y+6,y/z);
    printf("x=%d\n",x);
}
```

14. 在 Visual C++ 6.0 环境下编辑、编译和运行如下程序，根据运行结果，思考条件表达式的用法。

```c
#include <stdio.h>
main( )
{
    int a,b,max;
    printf("Input two number:\n");
    scanf("%d%d",&a,&b);
    printf("max = %d\n",a>b?a:b);
}
```

第3章
输入/输出语句

3.1　实　验　目　的

1. 熟悉 VC 开发环境，了解各菜单项及其按钮的功能。
2. 了解输入/输出语句的格式。
3. 了解不同类型数据的输出方法。
4. 掌握 C 语言输入/输出函数的使用。
5. 掌握 C 程序多个变量的输入/输出。

3.2　实　验　内　容

3.2.1　使用 printf 输出数据（1 学时）

（1）启动 VC，单击 File 选项，在下拉菜单中单击 New 命令，弹出一个对话框，单击此对话框左上角的 File（文件）选项卡，选择 C++Source　File 选项，输入文件名为 ex3.c。

（2）练习整型、实型、字符型数据的输出，练习字符串的输出，编辑并运行以下程序：

```c
#include <stdio.h>
main( )
{
    int a=1,b=2;
    float c=1.2;
    char ch='a';

    printf("%d%d\n",a,b);
    printf("%f\n",c);
    printf("%c",ch);
    printf("%s","c program");
}
```

运行程序，单击主菜单栏中的 Build（组建），在其下拉菜单中选择 Compile（编译）

选项。

运行程序（Build 菜单→!Execute 命令），程序运行结果如下。

例题：练习十进制、八进制数据的输出，练习数据宽度的控制、小数位数的控制。

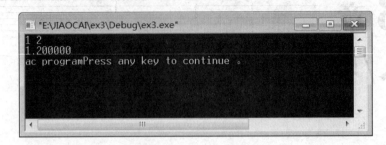

参考程序如下：

```
#include <stdio.h>
void main( )
{
    int m=32767,n=032767;
    int i=254;
    int f=12.3456;
    printf("%d,%o\n",m,n);
    printf("%10d \n",i);
    printf("%10f \n",f);
    printf("%10.2f \n",f);
}
```

运行程序，单击主菜单栏中的 Build（组建），在其下拉菜单中选择 Compile（编译）选项。

运行程序（Build 菜单→!Execute 命令），程序运行结果如下。

3.2.2 使用 scanf 输入数据（1 学时）

（1）输入两个整数，求和并输出计算结果，编辑并运行以下程序：

```
#include<stdio.h>
int main()
{
    int a, b;
    scanf("%d%d", &a, &b);
    printf("sum=%d", a+b);
```

```
    return 0;
}
```

运行程序，单击主菜单栏中的 Build（组建），在其下拉菜单中选择 Compile（编译）选项。

运行程序（Build 菜单→!Execute 命令），程序运行结果如下。

例题：scanf 格式控制字符串中带有普通文本，用户从键盘输入两个整数，求和并输出计算结果。

参考程序如下：

```
#include<stdio.h>
int main()
{
    int a, b;
    scanf("a=%d,b=%d", &a, &b);
    printf("%d", a+b);
    return 0;
}
```

scanf 格式控制字符串中带有普通文本，需要在输入时连同普通文本一起输入。

（2）在 VC 环境下，测试以下程序：

输入一个小数 f，按表达式 5.0/9×(f-32)计算后，输出计算结果。

```
#include<stdio.h>
int main()
{
    float f, c;
    scanf("%f", &f);
    c = 5.0/9 * (f-32);
    printf("%.2f", c);
    return 0;
}
```

程序运行结果如下。

3.2.3 字符输入/输出函数（1学时）

要求输入一个大写字母，然后输出该字母对应的小写字母，编辑并运行以下程序：

```c
#include<stdio.h>
int main()
{
    char ch;
    ch = getchar();
    if(ch >= 'A' && ch <= 'Z')
     {
        ch += 32;
    }
    putchar(ch);
    return 0;
}
```

运行程序，单击主菜单栏中的 Build（组建），在其下拉菜单中选择 Compile（编译）选项。

运行程序（Build 菜单→!Execute 命令），程序运行结果如下。

3.3 习   题

1. 有以下程序：

```c
#include
main()
{
    int a=1,b=0;
    printf("%d, ",b=a+b);
    printf("%d\n",a=2*b);
}
```

程序运行后的输出结果是（　　　）。

　（A）0,0　　　　　（B）1,0　　　　　（C）3,2　　　　　（D）1,2

解析：b=a+b 即 b=1, a=2*b, a=2。

答案：D

2. 程序段：

```c
int x=12;
double y=3.141593;
```

```
printf("%d%8.6f",x,y);
```
的输出结果是（　　）。

　（A）123.141593　　（B）12　　　　（C）12，3.141593　　（D）12 3.141593

　　　　　　　　　　　3.141593

解析："%d%8.6f"原样输出，没有"，"也没有空格，所以 x 与 y 相连，小数总共 8 位，小数点之后 6 位。

答案：A

3. 以下程序段：

```
int x;
x=11/3;
int y=5;
printf("%%d,%%%d\n",x,y);
```
程序运行后的结果是（　　）。

解析："%%d,%%%d\n"原样输出，%%d 中第一个%为转义字符，不是输出占位符，所以原样输出%d，然后%%转义只输出一个%，%d\n 只有一个占位符，所以只输出 x 的值为 3。

答案：%d, %3

4. 若变量已正确说明为 int 类型，要给 a、b、c 输入数据，以下正确的输入语句是（　　）。

　（A）read(a,b,c);　　　　　　　　（B）scanf(" %d%d%d" ,a,b,c);

　（C）scanf(" %D%D%D" ,&a,%b,%c);　（D）scanf(" %d%d%d" ,&a,&b,&c);

解析：scanf 中赋值必须用&（取地址符），即将输入的字符放在指定位置。

答案：D

5. 若变量已正确说明为 float 类型，要通过以下赋值语句 scanf(" %f %f %f",&a,&b,&c);

给 a 赋予 10、b 赋予 22、c 赋予 33，以下不正确的输入形式是（　　）。

　（A）10　　　　　　　　　　　　　（B）10.0,22.0,33.0

　　　　22

　　　　33

　（C）10.0　　　　　　　　　　　　（D）10　　22

　　　22.0 33.0　　　　　　　　　　　　　33

解析：输入时可以空格可以回车，但是不可以出现，

复合语句：多个语句被{}括起来，当成一条语句来执行。

空语句：最后的表示只有一个；

答案：B

6. 编写一个程序，从键盘上输入两个数字，然后让它们互换一下。

参考程序如下：

```
#include<stdio.h>
main()
{
    int a,b;
    int c;
    printf("请输入两个数字：");
```

```
    scanf("%2d%3d",&a,&b);
    printf("qian: %d  %d",a,b);
    c=a,a=b,b=c;
    printf("后: %d  %d",a,b);
}
```

程序运行结果如下。

```
请输入两个数字: 12
34
qian: 12 34后: 34  12Press any key to continue
```

7. 编写程序，对一个 double 型数据进行四舍五入运算。要求保留两位有效数字。

输入 1234.4567

参考程序 1:

```
#include <stdio.h>
main()
{
    double k=1234.4567;
    k+=0.005;
    printf("%7.2f",k);

}
```

程序运行结果如下。

```
"D:\工作空间\VC++6.0\pra\Debug\pra.exe"
1234.46Press any key to continue
```

参考程序 2:

```
#include <stdio.h>
main()
{
    double k=1234.4567;
    k*=100;
    k+=0.5;
    k=(int)k;
    k/=100;
    printf("%7.2f",k);
}
```

程序运行结果如下。

```
"D:\工作空间\VC++6.0\pra\Debug\pra.exe"
1234.46Press any key to continue
```

8. 编写程序，使从键盘中输入的三位数倒着输出。

参考程序如下:

```
#include <stdio.h>
main()
{
    int a,three,two,one;
    printf("请输入一个三位数: ");
    scanf("%d",&a);
```

```
    three=a/100;   //取出百位
    two=a%100/10;  //取出十位
    one=a%10;    //取出个位
    printf("%d%d%d",one,two,three);
}
```

第4章
分支结构

4.1 实验目的

1. 了解分支语句 if, if else, switch 格式。
2. 了解不同分支语句的输出方法。
3. 掌握 C 语言分支程序的设计方法。
4. 根据要求，编写指定分支结构程序。

4.2 实验内容

4.2.1 基本 if 语句练习（1学时）

（1）启动 VC，单击 File（文件）菜单，在下拉菜单中单击 New（新建）按钮，弹出一个对话框，单击此对话框左上角的 File（文件）选项卡，选择 C++ Source File 选项，文件名为 ex4.c。

输入一个整数，要求判断是否为正数，并判断是奇数还是偶数，编辑并运行以下程序：

```c
#include<stdio.h>
int main()
{
    int x;
    scanf("%d", &x);
    if(x > 0)
    {
        printf("positive\n");
    }
    else
    {
        printf("non- positive \n");
    }
    if(x % 2 == 0)
```

```
    {
        printf("even\n");
    }
    else
    {
        printf("odd\n");
    }
    return 0;
}
```

运行程序，单击主菜单栏中的 Build（组建）按钮，在其下拉菜单中选择 Compile（编译）选项。

运行程序（Build 菜单→!Execute 命令），程序运行结果如下。

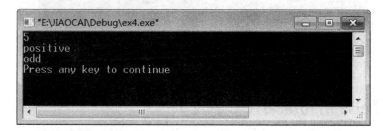

再次运行程序，输入 10，程序运行结果如下。

（2）字符大小写判断。

要求输入一个字母，然后输出该字母是否为大写字母。编辑并运行以下程序。

```
#include<stdio.h>
int main()
{
    char ch;
    ch = getchar();
    if(ch>= 'A' &&ch<= 'Z')
    {
        printf("This is a captive character\n");
    }
    else
    {
        printf("This is not a captive character\n");
    }
    return 0;
}
```

运行程序，单击主菜单栏中的 Build（组建）按钮，在其下拉菜单中选择 Compile（编译）选项。

运行程序（Build 菜单→!Execute 命令），程序运行结果如下。

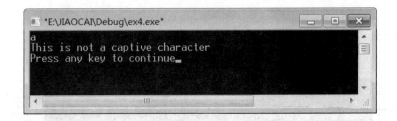

再次运行程序，输入小写 a，程序运行结果如下。

4.2.2 if else 语句练习（1学时）

1. 练习使用 if 语句，测试以下程序。

输入两个整数，比较大小，并输出其中较大者。

```c
#include<stdio.h>
int main()
{
    int a, b, c;
    scanf("%d%d", &a, &b);
    if(a > b)
    {
        c = a;
    }
    else
    {
        c = b;
    }
    printf("%d", c);
    return 0;
}
```

运行结果如下。

2. 练习使用 if-else if 语句，测试以下程序。

根据学生成绩，输出"优秀、中等、不及格"的成绩评价。

```
#include<stdio.h>
#include<math.h>
int main()
{
    intnum;
    scanf("%d", &num);
    if(num>=90)
    {
        printf("good");
    }
    else if(num>=60)
    {
        printf("middle");
    }
    else
    {
        printf("fail");
    }
    return 0;
}
```

运行结果如下。

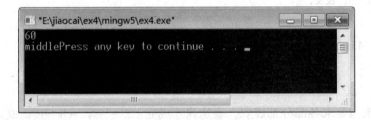

4.2.3　switch 语句练习（1 学时）

做一个小型计算器，用户从键盘输入两个小数，进行运算操作，输出计算结果。

```
#include<stdio.h>
#include<stdlib.h>
int main()
{
    float a, b, c;
    char op;
    scanf("%f%c%f", &a, &op, &b);
    switch(op)
    {
        case '+': c = a + b; break;
        case '-': c = a - b; break;
        case '*': c = a * b; break;
        case '/': c = a / b; break;
        default:printf("error");
    }
    printf("result=%.2f", c);
```

```
    return 0;
}
```

运行结果如下。

4.3 习　题

1. 以下运算符中优先级最低的是（　　）。

（A）&&　　　　　　　　　　（B）&

（C）||　　　　　　　　　　（D）|

解析：查看运算符优先级表，可以发现：运算符优先级较高，逻辑或优先级最低，优先级由高到低为&，|，&&，||。

答案：C

2. 已知 x=43,ch='A',y=0；则表达式(x >= y&&ch< 'B'&&!y)的值是（　　）。

（A）0　　　　　　　　　　（B）语法错

（C）1　　　　　　　　　　（D）"假"

解析：逻辑与要求各部分都成立，表达式才成立。x >= y，ch< 'B'都成立，!y 值为 1，表达式成立，取值为 1。

答案：C

3. 用 C 语言表示算术关系 X <=Y <=Z，表达式为（　　）。

（A）(X <=Y)&&(Y <=Z)　　　　（B）(X <=Y)AND(Y <=Z)

（C）(X <=Y <=Z)　　　　　　　（D）(X <=Y)&(Y <=Z)

解析：需要用逻辑与将两部分连起来，表示两部分是并的关系。

答案：A

4. 如果 int a=3,b=4；则条件表达式"a<b? a:b"的值是（　　）。

（A）3　　　　　　　　　　（B）4

（C）0　　　　　　　　　　（D）1

解析：先计算表达式 1，若表达式 1 成立，则选择计算表达式 2，并将表达式 2 的值作为整个表达式的值；若表达式 1 不成立，则选择计算表达式 3，并将表达式 3 的值作为整个表达式的值。在此题中的 a<b 相当于表达式 1，a 相当于表达式 2，b 相当于表达式 3。a 为 3，b 为 4，a<b，则表达式 1 成立。计算表达式 2，并将表达式 2 的值即 a 中的值作为整个表达式的值，所以，整个表达式的值为 3。

答案：A

5. 若 int x=2,y=3,z=4，则表达式 x<z?y:z 的结果是（　　　）。

　　（A）4　　　　　　　　　　　　　　（B）3

　　（C）2　　　　　　　　　　　　　　（D）0

解析：考查条件表达式的使用。

答案：B

6. C 语言中，关系表达式和逻辑表达式的值是（　　　）。

　　（A）0　　　　　　　　　　　　　　（B）0 或 1

　　（C）1　　　　　　　　　　　　　　（D）'T' 或 'F'

解析：在 C 语言中，使用 0 或 1 表示关系表达式和逻辑表达式的值。

答案：B

7. 填空。

输入两个整数 a,b，如果 a>b，那么两个变量交换数据并输出，请将程序补充完整。

```
#include<stdio.h>
int main()
{
    int a, b;
    int tmp;
    scanf("%d%d ", _____(1)_____);
    if(a > b)
    {
        _____(2)_____
        a = b;
        b = tmp;
    }
    printf("%d %d", a, b);
    return 0;
}
```

解析：考查输入数据和变量交换的写法。

答案：（1）&a,&b（2）tmp=a;

8. 改错。

以下程序要求变量的交换，在 error 注释标记的程序行中有错误，请改正。

```
main()
{
    int x=10,y=20 ,t=0;
    if(x!=y)
    {
        /*  error */
        x=t;
        x=y;
        y=t;
    }
    printf("%d,%d\n",x,y);
}
```

解析：考查变量交换的写法。

答案：t=x；

9. 输入两个整数，使用条件运算符(?,:)，选择两个整数中较大的数并输出。

解析：如果在条件语句中，只执行较为简单的分支语句时，可使用条件表达式来实现，不仅使程序简捷，也提高了运行效率。

条件运算符为?和:，它是一个三目运算符，即有三个参与运算的量。由条件运算符组成条件表达式的一般形式为：

表达式 1 ？ 表达式 2：表达式 3

其求值规则为：如果表达式 1 的值为真，则以表达式 2 的值作为整个表达式的值，否则以表达式 3 的值作为整个条件表达式的值。

答案：

```c
#include<stdio.h>
main()
{
    int a,b,max;
    printf("\n input two numbers:   ");
    scanf("%d%d",&a,&b);
    printf("max=%d",a>b?a:b);
}
```

10. 程序设计

在 VC 环境下，测试以下程序，输入三个整数，按从小到大的顺序依次输出 3 个数。

解析：以交换的方式，对 3 个数进行排序。

答案：

```c
#include<stdio.h>
int main()
{
    int a, b, c;
    int tmp;
    scanf("%d,%d,%d", &a, &b, &c);
    if(a > b)
    {
        tmp = a;
        a = b;
        b = tmp;
    }
    if(b > c)
    {
        tmp = b;
        b = c;
        c = tmp;
    }
    if(a > b)
    {
        tmp = a;
        a = b;
```

```
        b = tmp;
    }
    printf("%d,%d,%d", a, b, c);
    return 0;
}
```

第5章
循环结构

5.1 实 验 目 的

1. 能用 while、do-while、for 三种循环语句实现循环结构，编写简单的程序，掌握这三种循环语句。

2. 掌握较复杂结构程序的编写，掌握程序调试方法。

3. 理解 break 和 continue 在循环控制中的区别，并能灵活运用。

5.2 实 验 内 容

5.2.1 循环语句练习（1 学时）

（1）猴子吃桃问题：猴子第一天摘下若干个桃子，当即吃了一半，还不过瘾，又多吃了一个。以后每天早晨都吃剩下的一半外加一个，到第十天早晨再想吃时，就剩一个桃子。问第一天共摘了多少桃子。

要求：分别用三种语句编写程序。在 Visual C++ 6.0 环境下编辑、编译和运行如下程序，写出程序的运行结果。三种循环结构分别为：while、do-while 和 for 三种不同的循环结构。其中 while 和 for 循环都是先判断，再执行循环体，do-while 循环是先执行循环体，再判断循环条件。

在基本循环语句中，可以加 break 与 continue 语句。break 可以用于 switch 结构和三种循环结构，用来终止当前结构（终止所在的整个循环）的运行。continue 只能用于循环结构中，终止的只是本次循环，下一次循环还能继续进行。但对三种不同的循环结构，continue 语句执行后转向的位置不同。在一个循环结构的循环体中有另外一个循环结构，这就是循环结构的嵌套。三种循环结构之间可以互相嵌套。

方法 1：

```c
#include<stdio.h>
int main()
{
    int x,n;
    for(x=1,n=2;n<=10;n++)
    {
        x=2*(x+1);
    }
    printf("第一天共摘了%d个\n",x);
    return 0;
}
```

方法 2：

```c
#include<stdio.h>
int main()
{
    int x,n;
    x=1;
    n=2;
    do
    {
        x=2*(x+1);
        n++;
    }while(n<=10);
    printf("第一天共摘了%d个\n",x);
    return 0;
}
```

方法 3：

```c
#include<stdio.h>
int main()
{
    int x,n;
    x=1;
    n=2;
    while(n<=10)
    {
        x=2*(x+1);
        n++;
    }
    printf("第一天共摘了%d个\n",x);
    return 0;
}
```

程序的运行结果如下。

（2）印度国王的奖励：相传古代印度国王要褒奖他的聪明能干的宰相达依尔（国际象棋发明者），问他要什么？达依尔回答："陛下只要在国际象棋棋盘的第一个格子上放一粒麦子，第二个格子放两粒麦子，以后每个格子的麦子数都依前一格的两倍计算。如果陛下按此法给我 64 格的麦子，就感激不尽，其他什么也不要了。"国王想，"这还不容易！"让人扛了一袋麦子，再扛出一袋还不够，请你为国王算一下共要给达依尔多少小麦？（设 1 立方米小麦约 1.4×10^8 颗）

```c
#include<stdio.h>
main()
{
    double sum=0,n=1,v;
    int i;
    for(i=1;i<=64;i++)
    {
        sum=sum+n;
        n=2*n;
    }
    v=sum/1.4e8;
    printf("国王总共要给达依尔%.2lf 立方米麦子\n",v);
}
```

程序的运行结果如下。

3. 找出 100～500 之间能被 27 整除的数并输出。

在 Visual C++ 6.0 环境下编辑、编译和运行如下程序，写出程序的运行结果。

```c
#include<stdio.h>
main()
{
    int n;
    for(n=100;n<=500;n++)
    {
        if(n%27!=0)
        {
            continue;
        }
        printf("%d\n",n);
    }
}
```

程序的运行结果如下。

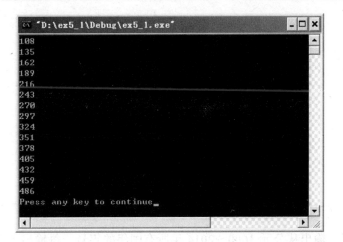

当 n 不能被 27 整除时，执行 continue 语句，结束本次循环。即 printf 语句只有在 n 能被 27 整除的时候，才执行 printf 的输出结果。

5.2.2 循环语句综合应用（1 学时）

1. 找出 30～100 之间全部的素数并输出。所谓素数就是只能被 1 和它本身整除的数。

在 Visual C++ 6.0 环境下编辑、编译和运行如下程序，写出程序的运行结果。

```c
#include<stdio.h>
main()
{
    int i,j;
    for(i=30;i<=100;i++)
    {
        for(j=2;j<i;j++)
        {
            if(i%j==0)
            {
                break;
            }
        }
        if(j==i)
        {
            printf("%d\n",i);
        }
    }
}
```

程序的运行结果如下。

（1）我们要设计出某数 n 是否为素数的算法。（2）在（1）的基础上，外面再套一层循环，实现 30～100 之间数字的循环。（3）判断一个数是否能被整除，看其有没有余数即可。（4）break 语句表示跳出当前循环。

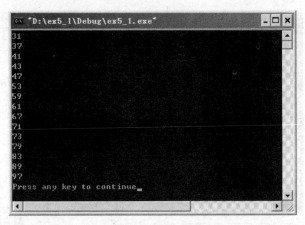

2. 编写程序，输出从公元 1600～2014 年所有闰年的年号。每输出 5 个年号换一行。判断公元年是否为闰年的条件如下。

（1）公元年数如能被 4 整除，而不能被 100 整除，则是闰年。

（2）公元年数如能被 400 整除也是闰年。

```c
#include<stdio.h>
int main()
{
    int year,leap,m;
    for(year=1600,m=0;year<=2014;year++)
    {
        if(year%4==0)
        {
            if(year%100==0)
            {
                if(year%400==0)
                    leap=1;
                else
                    leap=0;
            }
            else
                leap=1;
        }
        else
          leap=0;
        if(leap)
        {
          printf("%6d",year);
          m++;
        }
        if(m%5==0)
          printf("\n");
    }
    printf("\n");
    return 0;
}
```

程序的运行结果如下。

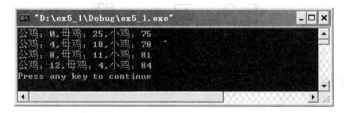

```
1992  1996  2000  2004  2008

2012
Press any key to continue
```

3. 解决用一百元钱买一百只鸡的问题：公鸡每只 5 元，母鸡每只 3 元，小鸡 3 只 1 元，100 元买 100 只鸡，求每种鸡各能买多少只？

```c
#include<stdio.h>
main()
{
    int x1,x2,x3;
    for(x1=0;x1<=20;x1++)
    {
        for(x2=0;x2<=33;x2++)
        {
            for(x3=0;x3<=300;x3++)
            {
                if((x1+x2+x3==100)&&(15*x1+9*x2+x3==300))
                {
                    printf("公鸡：%d,母鸡：%d,小鸡：%d\n",x1,x2,x3);
                }
            }
        }
    }
}
```

程序的运行结果如下。

```
公鸡：0,母鸡：25,小鸡：75
公鸡：4,母鸡：18,小鸡：78
公鸡：8,母鸡：11,小鸡：81
公鸡：12,母鸡：4,小鸡：84
Press any key to continue
```

4. 编写程序，打印以下图形：

```
   *
  ***
 *****
*********
 *****
  ***
   *
```

```c
#include<stdio.h>
int main()
```

```
{
    int i,j,k;
    for(i=0;i<=3;i++)
    {
        for(j=0;j<=2-i;j++)
            printf(" ");
        for(k=0;k<=2*i;k++)
            printf("*");
        printf("\n");
    }
    for(i=0;i<=2;i++)
    {
        for(j=0;j<=i;j++)
            printf(" ");
        for(k=0;k<=4-2*i;k++)
            printf("*");
        printf("\n");
    }
    return 0;
}
```

程序的运行结果如下。

5.3 习　　题

5.3.1 while 语句构成的循环结构

一、选择题

1. 以下不构成无限循环的语句或者语句组是（　　　）。

（A）n=0;

　　do {++n;} while(n<=0);

（B）n=0;

　　while(1){n++;}

（C）n=10;

　　while(n);{n--;}

（D）for(n=0,i=1; ;i++)

　　n+=1;

解析：本题主要考查各种循环语句的掌握情况。选项 A 中为 do-while 循环语句，首先执行 do 后面的语句"++n;"得 n=1，while 条件表达式为假，退出循环。选项 B 中，while 条件表达式的值始终为 1。条件为真，构成无限循环。选项 C 中"while(n);"语句的循环体为空，

n 的值在循环中一直保持不变，构成无限循环。选项 D 中，i=1，for 语句中条件判断语句为空，永远为真，构成无限循环。

答案：A

2. 若有以下程序：

```
main()
{
    int y=10;
    while (y--);
    printf("y=%d\n",y);
}
```

程序运行后的输出结果是（　　　）。

（A）y=0　　　　　　（B）y=-1　　　　　（C）y=1　　　　　（D）while

解析：while 语句一般形式为：while(表达式)语句；其语句先判断表达式，后执行语句。而表达式 y—先返回 y 的当前值，再进行-1 运算。

答案：B

3. 在以下给出的表达式中，与 while(E)中的 "(E)" 不等价的表达式是（　　　）。

（A）(!E=0)　　　（B）(E>0 || E<0)　　（C）(E==0)　　　（D）(E!=0)

解析：选项 C 表示 E 条件为假时，"(E==0)" 为真。其他都与 "(E)" 等价。

答案：C

二、填空题

1. 以下程序的输出结果是（　　　）。

```
#include <stdio.h>
main()
{
    int n=12345,d;
    while(n!=0)
    { d=n%10; printf("%d",d); n/=10;}
}
```

解析：本题考查的重点是对 while 循环的理解与运用。若 n 不为 0，则 n 对 10 进行模运算，并打印出 n%10 的值，之后再进行 n/=10 运算，直至 n 为 0 时结束循环。因此，依次输出 54321。

答案：54321

2. 当执行以下程序时，输入 1234567890<回车>，则其中 while 循环将执行（　）次。

```
#include <stdio.h>
mian()
{
    char ch;
    while((ch==getchar())=='0')
    printf("#");
}
```

解析："ch==getchar()"的功能是从终端读入一个字符赋给变量 ch，由于 getchar()只能接收一个字母，所以输入的字符 1 被赋给 ch，即 "'1'!='0'"，循环体不执行，直接退出 while 循环，所以循环体执行的次数为 0。

答案：0

3. 有以下程序，若运行时从键盘输入 18 11<回车>，则程序的输出结果是（　　　）。

```
main()
{
    int a,b;
    printf("Enter a,b:");
    scanf("%d,%d",&a,&b);
    while(a!=b)
    {  while(a>b)  a-=b;
    while(b>a)  b-=a;}
    printf("%3d%3d\n",a,b);
}
```

解析：键盘输入后，变量 a=18,b=11，在循环语句 while(表达式)循环体中，表达式控制循环体是否执行，a-=b 等价于 a=a-b。

答案：1 1

4. 有以下程序：

```
#include <stdio.h>
main()
{
    char c1,c2;
    scanf("%c",&c1);
    while(c1<65||c1>90) scanf("%c",&c1);
    c2=c1+32;
    printf("%c,%c\n",c1,c2);
}
```

程序运行输入 65 回车后，能否输出结果、结束运行（回答能或不能）（　　　）。

答案：能

5.3.2　do-while 语句构成的循环结构

1. 有以下程序：

```
#include <stdio.h>
main()
{
    int i=5;
    do
    {
        if(i%3==1)
            if(i%5==2)
            {
                printf("*%d",i);
                break;
            }
        i++;
    } while(i!=0);
    printf("\n");
}
```

程序运行的结果是（　　）。

（A）*7　　　　　　（B）*3*7　　　　　（C）*5　　　　　（D）*2*6

解析：本题主要考查 do-while 语句。在 do-while 构成的循环中，总是先执行一次循环体，然后再求表达式的值。在循环中，如果 i 的值能满足(i%3==1)&&(i%5--2)，那么输出 i 的值，退出循环。

答案：A

2. 若变量已正确定义，有以下程序段：

```
i=0;
do printf("%d",i); while(i++);
printf("%d",i);
```

其输出结果是（　　）。

解析：本题考查的重点是 do-while 用法。do-while 循环是先执行循环体中的语句，然后再判断 while 中的条件是否为真，如果为真（非零）则继续循环；如果为假，则终止循环。因此，do-while 循环至少要执行一次循环语句。

答案：0 1

3. 有以下程序：

```
main()
{
    int k=5,n=0;
    do
    {
        switch(k)
        {
            case 1:case 3: n+=1;k--; break;
            default; n=0;k--;
            case 2: case 4: n+=2;k--; break;
        }
        printf("%d",n);
    }while(k>0 && n<5);
}
```

程序运行后的输出结果是（　　）。

（A）235　　　　　（B）0235　　　　（C）02356　　　　（D）2356

解析：do-while 语句的特点是先执行循环体，然后再判断循环体条件是否成立，当循环条件的值为 0 时循环结束。本题中执行 switch 语句，寻找与 5 匹配的 case5 分支，没有寻找到则执行 default 后的语句,n=0,k 的值变为 4,继续执行 switch 语句,寻找与 4 匹配的 case4 分支，找到后开始执行其后的语句“n+=2;k--;”，n 的值为 2，k 的值变为 3，遇到 break 语句后跳出该 switch 语句体。执行 printf 语句输出 2；此时 n=2，k=3 依旧满足 do-while 循环条件，将用同样的方式再次执行 switch 语句，直到 n=5 时不再满足 do-while 循环条件退出所有的循环。

答案：B

5.3.3 for 语句构成的循环结构

一、选择题

1. 有以下程序：

```c
#include <stdio.h>
main()
{
    int x=8;
    for( ;x>0;x--)
    {
        if(x%3)
        {
            printf("%d",x--); continue;
        }
        printf("%d,",--x);
    }
}
```

程序的运行结果是（   ）。

（A）7,4,2　　　（B）8,7,5,2　　（C）9,7,6,4　　（D）8,5,4,2

解析：本题考查 for 循环语句。x=8，for 循环条件为真，8%3=2，不等于 0，则 if 条件表达式为真，执行第一个输出语句，先输出 x 的值 8，然后将 x 的值减 1，此时 x=7。然后执行 continue 语句结束本次循环。执行 x-- 表达式，得 x=6，for 循环条件为真，6%3=0，则 if 条件表达式为假，执行第二个输出语句，先将 x 的值减 1 得 x=5，然后输出 x 的值 5。执行 x-- 表达式，得 x=4，for 循环条件为真，4%3=1，不等于 0，则 if 条件表达式为真，执行第一个输出语句，先输出 x 的值 4，然后将 x 的值减 1，此时 x=3。然后执行 continue 语句结束本次循环。执行 x-- 表达式，得 x=2，for 循环条件为真，2%3=2，不等于 0，则 if 条件表达式为真，执行第一个输出语句，先输出 x 的值减 1，此时 x=1。执行 x-- 表达式，得 x=0，for 循环条件为假，循环结束。

答案：D

2. 有以下程序：

```c
#include <stdio.h>
main()
{
    int s[12]={1,2,3,4,4,3,2,1,1,1,2,3},c[5]={0},i;
    for(i=0;i<12;i++)
        c[s[i]]++;
    for(i=1;i<5;i++)
        printf("%d",c[i]);
    printf("\n");
}
```

程序的运行结果是（   ）。

（A）1 2 3 4　　（B）2 3 4 4　　（C）4 3 3 2　　（D）1 1 2 3

解析：程序中定义了两个数组 s 和 c，数组 c 中有 5 个元素，每个元素的初始值为 0；数组 s 中有 12 个元素，包含 4 个"1"，3 个"2"，3 个"3"，2 个"4"。第一个 for 语句中，用 s[i]作为 c 数组的下标，用于统计 s[i]中相同数字的个数，同时将统计的结果放在以该数字为下标的 c 数组中。第二个 for 语句用于将 c 数组中 a[1]～a[4] 4 个元素输出。

答案：C

3. 以下程序段中的变量已正确定义

```
for(i=0; i<4; i++,i++)
    for(k=1; k<3; k++);
printf("*");
```

程序段的输出结果是（　　　　）。

（A）********　　　　（B）****　　　　（C）**　　　　（D）*

解析：这里在外层循环中用到了逗号表达式，执行一次外层循环 i 就要执行两遍 i++；内部循环后面跟有分号，执行的是空循环。

答案：D

二、填空题

1. 若有定义："int k;"，以下程序段的输出结果是（　　　　）。

```
for(k=2;k<6;k++,k++)  printf("##%d",k);
```

解析：本题主要考查 for 循环语句。for 循环的增量表达式为逗号表达式，相当于"k+=2;"，即每次循环后 k 增加 2。第一次循环时，k=2，因此输出"##2"；第二次循环时 k=4，输出"##4"。此后 k=6，不满足循环条件。

答案：##2##4

2. 若有以下程序段，且变量已正确定义和赋值：

```
for(s=1.0,k=1;k<=n;k++)
    s=s+1.0/(k*(k+1));
    printf("s=%f\n\n",s);
```

请填空，使下面程序段的功能与之完全相同：

```
s=1.0; k=1;
while((1))
{
    s=s+1.0/(k*(k+1));
     (2);
}
printf("s=%f\n\n",s);
```

解析：本题考查的重点是将 for 循环改写成 while 循环。while 循环与 for 循环的结束条件是相同的，因此，第（1）处应填写 k<=n; while 循环体内循环变量要做相应的改变，因此，第（2）处应填写 k++。

答案：（1）k<=n　　（2）k++

5.3.4　循环结构的嵌套

一、选择题

1. 有以下程序：

```
#include <stdio.h>
main()
{
    int i,j;
    for(i=3;i>=1;i--)
    {
        for(j=1;j<=2;j++)  printf("%d",i+j);
        printf("\n");
    }
}
```

程序运行的结果是 （   ）。

（A）234　　　　（B）432　　　　（C）23　　　　（D）45

　　　345　　　　　　　543　　　　　　34　　　　　　34

　　　　　　　　　　　　　　　　　　　　45　　　　　　23

解析：本题主要考查 for 循环语句的嵌套。外层主循环执行了 3 次，嵌套的循环语句每轮执行 2 次，每次输出 i+j 的值，推出嵌套循环语句后换行。

答案：D

2. 有以下程序：

```
main()
{
    int i,j;
    for(i=1;i<4;i++)
    {
        for(j=i;j<4;j++)
            printf("%d*%d=%d",i,j,i*j);
        printf("\n");
    }
}
```

程序运行后的输出结果是（   ）。

（A）1*1=1 1*2=2 1*3=3　　　　（B）1*1=1 1*2=2 1*3=3

　　　2*1=2 2*2=4　　　　　　　　　　2*2=4 2*3=6

　　　3*1=3　　　　　　　　　　　　　3*3=9

（C）1*1=1　　　　　　　　　　　　　（D）1*1=1

　　　1*2=2 2*2=4　　　　　　　　　　2*1=2 2*2=4

　　　1*3=3 2*3=6 3*3=9　　　　　　3*1=3 3*2=6 3*3=9

解析：在一个循环体内又完整地包含了另一个循环体的称为循环嵌套，外循环的 i 值分别为 1、2、3，当 i=1 时，内循环 j=1 时，输出 1*1=1；当内循环 j=2 时，输出 1*2=2；当内循环 j=3 时，输出 1*3=3；当 i=2 时，内循环 j=2 时，输出 2*2=4；当内循环 j=3 时，输出 3*3=9。

答案：B

3. 有以下程序：

```
main()
{
    int i,j,x=0;
```

```
    for(i=0;i<2;i++)
    {
        x++;
        for(j=0;j<=3;j++)
        {
            if(j%2) continue; x++;
        }
        x++;
    }
    printf("x=%d\n",x);
}
```

程序执行后的输出结果是（　　）。

（A）x=4 　　　　　（B）x=8 　　　　（C）x=6 　　　　　（D）x=12

解析：内层 for 循环语句实现 x=x+2，故外层 for 循环语句单次循环实现 x=x+4，所以程序执行后的输出结果为 x=8。

答案：B

二、填空题

以下程序的输出结果是（　　）。

```
#include <stdio.h>
main()
{
    int i,j,sum;
    for(i=3;i>=1;i--)
    {
        sum=0;
        for(j=1;j<=i;j++)
            sum+=i*j;
    }
    printf("%d\n",sum);
}
```

解析：本题主要考查循环语句的嵌套。在外层 for 循环中，每轮循环首先将 sum 的值置 0，所以，不管之前内层嵌套的循环语句为 sum 赋了什么样的值，对本次循环都没有影响。在最后一轮循环中，i=1，j=1，内层循环语句执行了一次，结果为 sum=0+1*1=1。

答案：1

5.3.5　break 和 continue 语句

一、选择题

有以下程序：

```
main()
{
    int a=1,b;
    for(b=1;b<=10;b++)
    {
        if(a>=8)  break;
```

```
        if(a%2==1)
        {
            a+=5;
            continue;
        }
        a-=3;
    }
    printf("%d\n",b);
}
```

程序运行后的输出结果是 （　　　）。

（A）3　　　　　　　（B）4　　　　　　　（C）5　　　　　　　（D）6

解析：本题是考查手工模拟执行程序的能力。a 初值是 1，循环开始时 b 值为 1，由于 a>=8 为假，不执行 break，但 a%2==1 为真，执行 a+=5，a 值变为 6，再执行 continue 跳过不执行 a-=3 语句，而立即开始下一次循环。这时 b 值为 2，由于 a 值为 6，a>=8 仍为假，不执行 break，但 a%2==1 为假，不执行复合语句"{a+=5;continue;}"而执行 a-=3，a 值变为 3。再开始下一次循环，这时 b 值为 3，由于 a 值为 3，a>=8 仍为假，不执行 break，但 a%2==1 为真，执行 a+=5，a 值变为 8，再执行 continue 跳过不执行 a-=3 语句，而立即开始下一次循环。这时 b 值为 4。由于 a 值为 8，a>=8 为真，执行 break，停止 for 循环。此时输出的 b 值应为 4。

答案：B

二、填空题

以下程序的功能是：输出 100 以内（不含 100）能被 3 整除且个位数为 6 的所有整数，请填空。

```
main()
{
    int i,j;
    for(i=0; (1) ;i++)
    {
        j=i*10+6;
        if((2)  continue;
        printf("%d",j);
    }
}
```

解析：for 循环语句中表达式"j=i*10+6;"可以给出 100 以内个位数为 6 的所有整数，因此 if 语句只需判断该数能够被 3 整除即可，可应用取余运算表达式"j%3!=0"判断。

答案：（1）i<10　　（2）j%3!=0

第6章
函数

6.1 实 验 目 的

1. 了解函数基本格式，了解不同函数调用方法。
2. 掌握函数中参数传递的方式和函数的相互调用方法。
3. 掌握 C 语言函数调用的设计方法。
4. 根据要求，编写指定功能函数。

6.2 实 验 内 容

6.2.1 基本函数调用（1学时）

（1）启动 Visual C++ 6.0 环境，单击菜单栏中的 File（文件），在下拉菜单中单击 New，弹出一个对话框，单击此对话框的左上角的 File（文件）选项卡，选择 C++ Source File 选项，将文件名设置为 ex7.c。

输入两个整数，通过调用函数，实现两数交换，编辑并运行以下程序：

```
#include <stdio.h>
int a, b;
void swap( )
{
    int t;
    t=a; a=b; b=t;
}
main()
{
    scanf("%d,%d", &a, &b);
    swap( );
    printf ("a=%d,b=%d\n",a,b);
}
```

运行程序，单击主菜单栏中的 Build（组建），在其下拉菜单中选择 Compile（编译）项。

运行程序（Build 菜单→!Execute 命令），程序运行结果如下。

（2）输出阶乘。

下面是一个计算 1～m 的阶乘并依次输出的程序，请编辑并运行以下程序：

```c
#include<stdio.h>
int result=1;
int factorial( int j)
{
    result=result*j;
    return result;
}
main()
{
    int m,i=0,x;
    printf("Please enter an integer:");
    scanf("%d",&;m);
    for(;i++<m;)
    {
        x=factorial(i);
        printf("%d\n", x);
    }
}
```

运行程序，单击主菜单栏中的 Build（组建），在其下拉菜单中选择 Compile（编译）项。

运行程序（Build 菜单→!Execute 命令），程序运行结果如下。

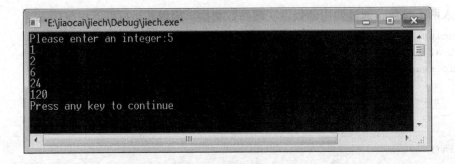

（3）将一个十进制数转换成二进制的格式并输出，测试以下程序。

```c
#include<stdio.h>
void binary(int n)
```

```
{
    int arr[32] = {0};
    int i = 0, j;
    while(n > 0)
    {
        arr[i++] = n % 2;
        n = n / 2;
    }
    for(j = i-1; j >= 0; j--)
    {
        printf("%d", arr[j]);
    }
}
int main()
{
    int n;
    scanf("%d", &n);
    binary(n);
    return 0;
}
```

运行结果如下。

（4）统计字符串长度。

```
#include<stdio.h>
int f(char *s)
{
    int count = 0;
    while(*s != '\0')
    {
        count++;
        s++;
    }
    return count;
}
int main()
{
    char s[80];
    int i;
    scanf("%s", s);
    i = f(s);
    printf("%d", i);
```

```
    return 0;
}
```

运行结果如下。

6.2.2 函数综合练习（1学时）

（1）请编写函数完成以下操作：判断一个数是否为奇数。然后调用该函数，求 1000 以内的奇数的和。

```
#include"stdio.h"
int js(int n)
{
    return n%2;
}
void main()
{
    int s=0,i;
    for(i=1;i<=1000;i++)
        if(js(i))
            s=s+i;
    printf("s=%d\n",s);
}
```

（2）编写一个函数并调试运行：判断一个数是否为素数（只有 1 和本身两个因数的数）。然后调用该函数，求 1000 以内的素数的和。

```
#include"stdio.h"
int ss(int n)
{
    int flag=1,i;
    for(i=2;i<n;i++)
    if(n%i==0)
    {
        flag=0;break;
    }
    return flag;
}
void main()
{
    int s=0,i;
    for(i=2;i<1000;i++)
    if(ss(i))
      s=s+i;
```

```
    printf("s=%d\n",s);
}
```

（3）编写一个函数并调试运行：求 1～n 的和。然后调用该函数，求：

1+1+2+1+2+3+1+2+3+4+…+1+2+3+…+100

```
#include "stdio.h"
int s1(int n)
{
    int s,i;
    for(i=1,s=0;i<=n;i++)
        s=s+i;
    return s;
}
void main()
{
    int i,s;
    for(i=1,s=0;i<=100;i++)
        s=s+s1(i);
    printf("s=%d\n",s);
}
```

（4）编写一个函数并调试运行：求 n！然后调用该函数，求 1!+2!+3!+…+10!

```
#include "stdio.h"
int s1(int n)
{
    int s,i;
    for(i=1,s=1;i<=n;i++)
        s=s*i;
    return s;
}
void main()
{
    int i,s;
    for(i=1,s=0;i<=10;i++)
        s=s+s1(i);
    printf("s=%d\n",s);
}
```

（5）编写一个函数并调试运行：判断一个数是否为完数，然后调用该函数计算并输出 1000 以内的所有"完数"之和。

```
#include "stdio.h"
int x(int n)
{
    int m,i,a=1;
    for(i=1,m=0;i<n;i++)
        if(n%i==0)
            m=m+i;
        if(m!=n)
            a=0;
    return a;
}
void main()
```

```
{
    int i,s;
    for(i=2,s=0;i<=1000;i++)
        if(x(i))
            s=s+i;
    printf("s=%d\n",s);
}
```

（6）编写一个函数并调试运行：判断一个数是否为素数。然后调用该函数：把一个大于等于 6 的偶数表示成一对素数之和。

```
#include "stdio.h"
int ss(int n)
{
    int i,flag=1;
    for(i=2;i<n;i++)
        if(n%i==0)
        {
            flag=0;break;
        }
    return flag;
}
void main()
{
    int n,a,b;
    printf("Input an int:");
    scanf("%d",&n);
    if(n<6||n%2==1)
     {
        printf("输入错误!!! \n");
        return;
     }
    for(a=2;a<n;a++)
    {
        b=n-a;
        if(ss(a)&&ss(b))
         {
            printf("%d=%d+%d\n",n,a,b);break;
         }
    }
}
```

（7）编写一个函数并调试运行：判断一个三位数是否为水仙花数（指一个 n 位数，它的每个位上的数字的 n 次幂之和等于它本身）。然后调用该函数，求所有的水仙花数。

```
#include <stdio.h>
int sx(int n)
{
    int m,a,b,c,flag=1;
    a=n/100;
    b=(n%100)/10;
    c=n%10;
    m=a*a*a+b*b*b+c*c*c;
        if(m!=n)
```

```
        flag=0;
    return flag;
}
void main()
{
    int i;
    for(i=100;i<1000;i++)
        if(sx(i))
          printf("%8d",i);
        printf("\n");
}
```

6.3　习　　题

1. 以下函数值的类型是（　　）。

```
fun(float x)
{
    float y;
    y=3*x-4;
    return y;
}
```

（A）int　　　　　（B）不确定　　　（C）void　　　　　（D）float

解析：在函数定义时，函数名前没有函数类型，则默认函数类型为 int 类型。

答案：A

2. 有如下函数调用语句：

```
        fun(rec1,rec2+rec3,(rec4,rec5));
```

该函数调用语句中，含有的实参个数是（　　）。

（A）3　　　　　　（B）4　　　　　（C）5　　　　　　（D）有语法错

解析：在该函数调用中，含有的实参个数是 3 个。其中，第二个实参是 rec2+rec3，是一个算术表达式，第三个实参是(rec4,rec5)，是一个逗号表达式。如果实参是表达式，则首先计算表达式的结果，再将表达式的值传递给形参。

答案：A

3. 请在以下程序第一行的填空处填写适当内容，使程序能正确运行。

```
( ) (double a,double b);
main()
{
  double x,y;
  scanf("%lf%lf",&x,&y);
  printf("%lf\n",max(x,y));
}
double max(double a,double b)
{ return(a>b?a:b);}
```

解析：当被调用的函数定义处在函数调用后且不为 int 类型时，在函数调用前必须对被调用函数进行声明。对函数进行声明有下列 3 种形式：

（1）类型名　函数名(类型 1 形参 1,类型 2 形参 2,…,类型 n　形参 n);

（2）类型名　函数名(类型 1,类型 2,…,类型 n);

（3）类型名　函数名();

答案：double max

4. 以下程序的输出结果是（　　　）。

```
t(int x,int y,int cp,int dp)
{
  cp=x*x+y*y;
  dp=x*x-y*y;
}
main()
{
    int a=4,b=3,c=5,d=6;
    t(a,b,c,d);
    printf("%d  %d \n",c,d);
}
```

解析：当执行 t(a,b,c,d);调用函数 t 时，将实参 a、b、c、d 的值传递给形参 x、y、cp、dp，在函数 t 中对 cp、dp 进行计算，改变了形参 cp、dp 的值，但并没有改变对应实参 c、d 的值（即形参的值不带回给实参），因此返回后，实参 c、d 的值不变。

答案：5　6

5. 有以下函数定义：

```
      void fun(int n,double x)
{…}
```

若以下选项中的变量都已经正确定义且赋值，则对函数 fun 的正确调用语句是（　　　）。

（A）fun(int y,double m);　　　　　　（B）k=fun(10,12.5);

（C）fun(x,n);　　　　　　　　　　　（D）void fun(n,x);

解析：当函数类型为 void 时，函数不返回值，函数调用只能以函数语句的形式出现，因此，选项 B 显然是不对的。在函数调用时，只须给出函数名和实际参数，不能再给出函数类型和参数类型，所以选项 A 和选项 D 都不对。正确的选项是 C。

答案：C

6. 有以下程序：

```
int f(int n)
{
    if(n= =1) return 1;
    else return f(n-1)+1;
}
main()
{
    int i,j=0;
    for(i=1;i<3;i++)  j+=f(i);
    printf("%d\n",j);
}
```

程序运行后的输出结果是（ ）。

　（A）4　　　　　　（B）3　　　　　　（C）2　　　　　　（D）1

解析：在函数 f 中有 return f(n-1)+1，因此，此函数调用为递归调用。递归函数 f 的功能可用递归式表示如下：

$$f(n)=\begin{cases}1 & (n=1)\\ f(n-1)+1 & (n>1)\end{cases}$$

主函数中 j 的值是 f(1) 与 f(2) 之和，显然，f(1)=1，f(2)=2，因此，j 的值为 3。

答案：B

7. 以下程序运行后，输出结果是（ ）。

```
int d=1;
fun (int p)
{
    int d=5;
    d+=p++;
    printf("%d",d);
}
main()
{
    int a=3;
    fun(a);
    d+=a++;
    printf("%d\n",d);
}
```

　（A）84　　　　　（B）99　　　　　（C）95　　　　　（D）44

解析：函数 main() 中用到的是全局变量 d，而函数 fun() 中用到的是其内部定义的局部变量 d。在函数 fun() 中，表达式 p++ 的值为 3，执行 d+=p++; 后 d 的值为 8（即 5+3），函数 main() 中表达式 a++ 的值为 3，执行 d+=a++; 后 d 的值为 4（即 1+3）。

答案：A

8. 以下程序的输出结果是（ ）。

```
int f()
{
    static int i=0;
    int s=1;
    s+=i;
    i++;
    return s;
}
main()
{
    int i,a=0;
    for(i=0;i<5;i++)
        a+=f();
    printf("%d\n",a);
}
```

　（A）20　　　　　（B）24　　　　　（C）25　　　　　（D）15

解析：在主函数 main()中通过循环对函数 f()调用了 5 次，由于 s 动态局部变量每次进入函数 f()后，s 的初值都是 1，而 i 是静态局部变量，第一次进入函数 f()后，i 的初值都是 0，以后每次的初值是函数 f()上次调用完成后的 i 值（即 i 是有记忆的）。主函数 main()中的 a 是将每次调用后的函数值（即 s 的值）相加，其值为 15。

答案：D

9. 在 C 语句中，形参的默认存储类型是（   ）。

（A）auto   （B）register   （C）static   （D）extern

解析：在 C 语句中，形参的默认存储类型是 auto。

答案：A

10. 在 C 语句中，函数的隐含存储类型是（   ）。

（A）auto   （B）static   （C）extern   （D）无存储类别

解析：在 C 语句中，函数的隐含存储类型是 extern，即外部函数。

答案：C

11. 编程：任意输入 10 个数，统计其中奇数个数和偶数个数。

答案：

```c
#include "stdio.h"
int fc(int a[],int n)
{
    int i,c=0;
    for(i=0;i<n;i++)
      if(a[i]%2==0)
        c=c+1;
      return(c);
}
main()
{
    int i,num[10];
    for(i=0;i<10;i++)
      scanf("%d",&num[i]);
    printf("oushu: %d \n",fc(num,10));
    printf("jishu: %d \n",10-fc(num,10));
}
```

解析：调用函数 int fc(int a[],int n)，传递数组和数组元素个数，返回计算结果。

第7章
数组

7.1 实 验 目 的

1. 了解数组的基本格式。
2. 掌握一维数组和二维数组的定义、赋值和输入输出的方法。
3. 掌握字符数组和字符串的使用方法。
4. 掌握与数组有关的算法，例如：排序算法。
5. 根据要求，编写指定功能的数组应用程序。

7.2 实 验 内 容

7.2.1 数组查找与排序（1学时）

（1）求最大值问题。要求输入 10 个数，求出其中最大的数。

```
main()
{
    int i,max,a[10];
    printf("input 10 numbers:\n");
    for(i=0;i<10;i++)
    scanf("%d",&a[i]);
    max=a[0];
    for(i=1;i<10;i++)
      if(a[i]>max)
      max=a[i];
    printf("maxmum=%d\n",max);
}
```

运行结果如下。

解析：本例程序中第一个 for 语句逐个输入 10 个数到数组 a 中，然后把 a[0]赋值给变量 max。在第二个 for 语句中，从 a[1]到 a[9]逐个与变量 max 中的内容比较，若比 max 的值大，则把该下标变量送入 max 中，因此 max 总是在已比较过的下标变量中为最大者。比较结束，输出 max 的值。

（2）排序问题。要求输入 10 个数，对其进行排序。

```
main()
{
    int i,j,p,q,s,a[10];
    printf("\n input 10 numbers:\n");
    for(i=0;i<10;i++)
        scanf("%d",&a[i]);
    for(i=0;i<10;i++)
    {
        p=i;q=a[i];
        for(j=i+1;j<10;j++)
        if(q<a[j])
          {
                p=j;q=a[j];
          }
        if(i!=p)
        {
            s=a[i];
            a[i]=a[p];
            a[p]=s;
        }
        printf("%d",a[i]);
    }
}
```

解析：本例程序中用了两个并列的 for 循环语句，在第二个 for 语句中又嵌套了一个循环语句。第一个 for 语句用于输入 10 个元素的初值，第二个 for 语句用于排序。本程序的排序采用逐个比较的方法进行。在 i 次循环时，把第一个元素的下标 i 赋于 p，而把该下标变量值 a[i]赋于 q。然后进入小循环，从 a[i+1]起到最后一个元素止，逐个与 a[i]作比较，有比 a[i]大者则将其下标送 p，元素值送 q。一次循环结束后，p 即为最大元素的下标，q 则为该元素值。若此时 i≠p，说明 p、q 值均已不是进入小循环之前所赋之值，则交换 a[i]和 a[p]的值。此时 a[i]为已排序完毕的元素，输出该值之后转入下一次循环，对 i+1 以后各个元素排序。

7.2.2 二维数组练习（1 学时）

（1）一个学习小组有 5 个人，每个人有 3 门课的考试成绩，求全组分科的平均成绩和各科总平均成绩。

	张	王	李	赵	周
Math	80	61	59	85	76
C	75	65	63	87	77
Foxpro	92	71	70	90	85

可设一个二维数组 a[5][3]存放 5 个人 3 门课的成绩，再设一个一维数组 v[3]存放所求得的各分科平均成绩，设变量 average 为全组各科总平均成绩。编程如下：

```
main()
{
        int i,j,s=0,average,v[3],a[5][3];
        printf("input score\n");
        for(i=0;i<3;i++)
        for(j=0;j<5;j++)
    {
        scanf("%d",&a[j][i]);
        s=s+a[j][i];}
        v[i]=s/5;
        s=0;
    }
    average =(v[0]+v[1]+v[2])/3;
    printf("math:%d\nc languag:%d\ndbase:%d\n",v[0],v[1],v[2]);
    printf("total:%d\n", average );
}
```

解析：程序中首先用了一个双重循环。在内循环中依次读入某一门课程的各个学生的成绩，并把这些成绩累加起来，退出内循环后再把该累加成绩除以 5 送入 v[i]之中，这就是该门课程的平均成绩。外循环共循环 3 次，分别求出 3 门课各自的平均成绩并存放在 v 数组之中。退出外循环之后，把 v[0]、v[1]、v[2]相加除以 3 即得到各科总平均成绩，最后按题意输出各个成绩。

（2）在二维数组 a 中选出各行最大的元素组成一个一维数组 b。

```
a=( 3  16 87  65
    4  32 11  108
    10 25 12  37)
b=(87 10837)
```

本题编程思路：在数组 a 的每一行中寻找最大的元素，找到之后把该值赋予数组 b 相应的元素即可。

程序如下：

```
main()
{
        int a[][4]={3,16,87,65,4,32,11,108,10,25,12,27};
        int b[3],i,j,1;
        for(i=0;i<=2;i++)
        {
         1=a[i][0];
         for(j=1;j<=3;j++)
         if(a[i][j]>1)    1=a[i][j];
         b[i]=1;
```

```
    }
    printf("\narray a:\n");
    for(i=0;i<=2;i++)
        {
        for(j=0;j<=3;j++)
          printf("%5d",a[i][j]);
          printf("\n");
        }
    printf("\narray b:\n");
     for(i=0;i<=2;i++)
    printf("%5d",b[i]);
    printf("\n");
}
```

解析：程序中第一个 for 语句中又嵌套了一个 for 语句组成了双重循环。外循环控制逐行处理，并把每行的第 0 列元素赋予 1。进入内循环后，把 1 与后面各列元素比较，并把比 1 大者赋予 1。内循环结束时 1 即为该行最大的元素，然后把 1 值赋予 b[i]。等外循环全部完成时，数组 b 中已装入了 a 各行中的最大值。后面的两个 for 语句分别输出数组 a 和数组 b。

7.2.3 字符串数组练习（1 学时）

输入 5 个国家的名称，按字母顺序排列输出。

本题编程思路：5 个国家名应由一个二维字符数组来处理。C 语言规定，可以把一个二维数组当成多个一维数组处理。因此本题又可以按五个一维数组处理，而每一个一维数组就是一个国家名字符串。用字符串比较函数比较各一维数组的大小并排序，输出结果即可。

编程如下：

```
main()
{
    char st[20],cs[5][20];
    int i,j,p;
    printf("input country's name:\n");
    for(i=0;i<5;i++)
      gets(cs[i]);
    printf("\n");
    for(i=0;i<5;i++)
    {
        p=i;strcpy(st,cs[i]);
        for(j=i+1;j<5;j++)
            if(strcmp(cs[j],st)<0)
            {
                    p=j;strcpy(st,cs[j]);
            }
        if(p!=i)
        {
                strcpy(st,cs[i]);
                strcpy(cs[i],cs[p]);
                strcpy(cs[p],st);
        }
        puts(cs[i]);
    }
    printf("\n");
}
```

解析：本程序的第一个 for 语句，用 gets 函数输入 5 个国家名字符串。cs[5][20]为二维字符数组，可分为 5 个一维数组 cs[0]、cs[1]、cs[2]、cs[3]、cs[4]。因此在 gets 函数中使用 cs[i]是合法的。在第二个 for 语句中又嵌套了一个 for 语句组成双重循环。这个双重循环完成按字母顺序排序的工作。在外层循环中把字符数组 cs[i]中的国名字符串拷贝到数组 st 中，并把下标 i 赋予 p。进入内层循环后，把 st 与 cs[i]以后的各字符串作比较，若有比 st 小者，则把该字符串拷贝到 st 中，并把其下标赋予 p。内循环完成后，如 p 不等于 i，说明有比 cs[i]更小的字符串出现，因此交换 cs[i]和 st 的内容。至此已确定了数组 cs 的第 i 号元素的排序值，然后输出该字符串。在外循环全部完成之后，即可完成全部排序和输出。

7.3　习　　题

一、选择题

1. 若已定义：

```
int a[]={0,1,2,3,4,5,6,7,8,9},*p=a,i;
```

其中 0≤i≤9，则对 a 数组元素的引用不正确的是（　　　）。

（A）a[p-a]　　　　　（B）*(&a[i])　　　（C）p[i]　　　　　　（D）*(*(a+i))

解析：A 选项中 p 开始是数组 a 首地址，只要 p++则再减去 a 的首地址 a[p-a]就能取到所有元素；B 选项中&a[i]循环取其地址，*(&a[i]) 是该地址中所存储的元素；C 选项中 p 就是指针变量，相当于 a[i]；D 选项中*(a+i) 则正确。

答案：D

2. 以下程序段为数组所有元素输入数据，应在下划线填入的是（　　　）。

```
main()
{
    int a[10],i=0;
    while(i<10) scanf("%d",__);
}
```

（A）a+(i++)　　　（B）&a[i+1]　　　（C）a+i　　　　　（D）&a[++i]

解析：因为要遍历，所以排除 B、C，因为 D 先加 1 再取值，丢了 a[0] 。

答案：A

3. 以下程序的输出结果是（　　　）。

```
main()
{
    int  a[10]={1,2,3,4,5,6,7,8,9,10},*p=a;
    printf("%d\n",*(p+2));
}
```

（A）3　　　　　（B）4　　　　　（C）1　　　　　（D）2

解析：*p=a 表明 p 指向数组首地址，*(p+2)往后移动两个元素，指向 3。

答案：A

4. 以下程序的输出结果是（　　　）。

```
main()
{
    int a[]={2,4,6,8,10},y=1,x,*p;
    p=&a[1];
    for(x=0;x<3;x++) y+=*(p+x);
    printf("%d\n",y);
}
```

　（A）17　　　　　（B）18　　　　　（C）19　　　　　（D）20

解析：p=&a[1]则 p 指向元素为 4，y+=*(p+x);相当于 y=1+4+6+8=19。

答案：C

5. 以下程序的输出结果是（　　　）。

```
main()
{
    int a[]={2,4,6,8},*p=a,i;
    for(i=0;i<4;i++) a[i]=*p++;
    printf("%d\n",a[2]);
}
```

　（A）6　　　　　（B）8　　　　　（C）4　　　　　（D）2

解析：p=a，相当于重新把 a 中的内容赋给 a 本身，所以 a[2]=6。

答案：A

6. 以下程序的输出结果是（　　　）。

```
f(int b[],int n)
{
    int i,r=1;
    for(i=0;i<=n;i++)
    r=r*b[i];
    return r;
}
main()
{
    int x,a[]={2,3,4,5,6,7,8,9};
    x=f(a,3);
    printf("%d\n",x);
}
```

　（A）720　　　　（B）120　　　　（C）24　　　　（D）6

解析：调用 x=f(a,3);for 循环 4 次，将前 4 个元素相乘，即得 r=2×3×4×5。

答案：B

7. 以下程序的输出结果是（　　　）。

```
fun(int *s,int n1,int n2)
{
    int i,j,t;
    i=n1; j=n2;
    while(i<j)
    {
```

```
        t=*(s+i); *(s+i)=*(s+j); *(s+j)=t;
        i++; j--;
    }
}
main()
{
    int a[10]={1,2,3,4,5,6,7,8,9,0},i,*p=a;
    fun(p,0,3); fun(p,4,9); fun(p,0,9);
    for(i=0;i<10;i++)
    printf("%d",*(a+i));
}
```

　　（A）0987654321　　　　　　　　　　（B）4321098765

　　（C）5678901234　　　　　　　　　　（D）0987651234

解析：为了更清晰地看出 fun(int *s,int n1,int n2)的作用，完善了的程序如下：

```
#include <stdio.h>
#include <stdlib.h>
fun(int *s,int n1,int n2)
{
    int i,j,t;
    i=n1; j=n2;
    while(i<j)
    {
        t=*(s+i); *(s+i)=*(s+j); *(s+j)=t;
        i++; j--;
    }
}
main()
{
    int a[10]={1,2,3,4,5,6,7,8,9,0},i,*p=a;
    fun(p,0,3);
    for(i=0;i<10;i++)  printf("%d",*(a+i));  printf("\n");
    fun(p,4,9);
    for(i=0;i<10;i++)  printf("%d",*(a+i));printf("\n");
    fun(p,0,9);
    for(i=0;i<10;i++)  printf("%d",*(a+i));printf("\n");
}
```

程序运行结果如下。

```
4321567890
4321098765
5678901234
```

　　其实，fun(p,0,3)就是将 a 中的前 4 个元素倒序，fun(p,4,9) 就是将 a 中的第 5 到第 10 个倒序，最后 fun(p,0,9)全部元素倒序。

　　答案：C

　　8．对二维数组 a 的正确说明是（　　　　）。

　　（A）int a[3][];　　　　　　　　　　（B）float a(3,4);

　　（B）double　a[1][4]　　　　　　　　（D）float a(3)(4);

解析：二维数组的定义。

答案：B

9. 若二维数组 a 有 m 列，则计算任一元素 a[i][j] 在数组中位置的公式为（   ）。（假设 a[0][0] 位于数组的第一个位置上。）

　（A）i*m+j 　　　　（B）j*m+i 　　　（C）i*m+j-1 　　　（D）i*m+j+1

解析：理解二维数组的定义，明白二维数组的位置关系。

答案：D

10. 若二维数组 a 有 m 列，则在 a[i][j] 前的元素个数为（   ）。

　（A）j*m+i 　　　　（B）i*m+j 　　　（C）i*m+j-1 　　　（D）i*m+j+1

解析：第 9 题类似，理解数组的位置关系。

答案：B

11. 有两个字符数组 a、b，则以下正确的输入语句是（   ）。

　（A）gets(a,b); 　　　　　　　　（B）scanf("%s%s",a,b);

　（C）scanf("%s%s",&a,&b); 　　　　（D）gets("a"),gets("b");

解析：正确答案为 B，因为数组名代表数组的首地址，所以不需要取地址符号。

答案：B

12. 判断字符串 s1 是否大于字符串 s2，应当使用（   ）。

　（A）if(s1>s2) 　　　　　　　　（B）if(strcmp(s1,s2))

　（C）if(strcmp(s2,s1)>0) 　　　　（D）if(strcmp(s1,s2)>0)

解析：理解 strcmp 函数的用法。

答案：B、D

二、填空题

1. 若有以下定义：

```
double  w[10];
```

则数组元素下标的上限是（   ），下限是（   ）。

解析：数组的上限为整数或整数表达式-1，下限为 0。

答案：9，1

2. 以下程序的输出结果是（   ）。

```
main()
{
    int a[]={2,4,6},*ptr=&a[0],x=8,y,z;
    for(y=0;y<3;y++)
    z=(*(ptr+y)<x)?*(ptr+y):x;
    printf("%d\n",z);
}
```

解析：因为 a[] 中元素永远小于 x=8，所以每次 for 循环都执行 z=(*(ptr+y)，循环 3 次最后输出的 z 为 6（前几次的 z 都被覆盖了）。

答案：6

3. 以下程序的输出结果是 （   ）。

```
main()
{
    int arr[10],i,k=0;
    for(i=0;i<10;i++)
    arr[i]=i;
    for(i=0;i<4;i++)
    k+=arr[i]+i;
    printf("%d\n",k);
}
```

解析：首先 arr[i]=i;使得 arr[]中赋值 0～9 十个数，for 循环 4 次，k+=arr[i]+i;得 k=0+0+1+1+2+2+3+3=12。

答案：12

4. 调用 strlen("abcd\0efg\")的返回值为（   ）。

解析：理解 strlen 函数的用法。

答案：4

5. 若有定义"int a[3][4]={{1,2},{0},{4,6,8,10}};"，则初始化后，a[1][2]得到的初值是 （   ），a[2][1]得到的初值是（   ）。

解析：数组的赋值及数组的位置关系。

答案：0，6

6. 下面程序段将输出 computer。请填空。

```
Char c[]="It's a computer";
For(i=0;_____;i++)
{ _____;printf("%c",c[j];)   }
```

解析：掌握循环的定义，循环和数组的位置关系。

答案：i<=7, j=i+7

7. 下面程序段是输出两个字符串中对应相等的字符。请填空。

```
char  x[]="programming";
char  y[]="Fortran";
int  i=0;
while(_____)
if(x[i]==y[i])
    printf("%c",_____);
else  i++
```

解析：理解题的本意，思考循环入口条件的设置。

答案：x[i]!='\0'&&y[i]!='\0';x[i++]

三、编程题

1. 输入一行数字字符，请用数组元素作为计数器来统计每个数字字符的个数。用下标为 0 的元素统计字符"1"的个数，下标为 1 的元素统计字符"2"的个数……

解析：

```c
#include <stdio.h>
#include <stdlib.h>
#include <ctype.h>
main()
{
    int num[10]={0},number;char aa;
    printf("请输入一串数字，并以#结束：");
    while((aa=getchar())!='#')
    {
        number=(int)aa;                //将字符强制转化为数字
        number -=48;                   //由于 0 的 ASCII 码为 48，所以转换后要减去 48
        num[number-1]++;               //出现一个字符，将记录该字符个数的数组元素相应加 1
    }

    for(int i=0;i<9;i++)
        {
            printf("%d的个数为：%d\t",i+1,num[i]);        //输出结果
        }
            printf("\n");
}
```

运行结果如下。

2. 编写函数对字符数组中的输入字母，按由大到小的字母顺序进行排序。

```c
#include <stdio.h>
main()
{
    char chr[]={'a','h','c','k','z','c','h','c','y','l','n','w','q','f','b'};
    char t;
      for(int i=0;i<14;i++)
      {
   for(int j=i+1;j<15;j++)
        {
      if(chr[i]>chr[j])
          {
       t=chr[i];chr[i]=chr[j];chr[j]=t;
           }
        }
      }
      for(i=0;i<15;i++)
      {
          printf("chr[%2d]: %c \t",i,chr[i]);
      }
    printf("\n");
}
```

运行结果如下。

```
chr[ 0]: a      chr[ 1]: b      chr[ 2]: c      chr[ 3]: c      chr[ 4]: c
chr[ 5]: f      chr[ 6]: g      chr[ 7]: h      chr[ 8]: k      chr[ 9]: l
chr[10]: n      chr[11]: q      chr[12]: w      chr[13]: y      chr[14]: z
```

3. 编写函数把任意十进制下整数转换成二进制数。提示：把十进制数不断被 2 除，余数放在一个一维数组中，直到商数为零。在主函数中进行输出，要求不得按逆序输出。

```c
#include <stdio.h>
#define N 10
main()
{
    int origin,result[N],i=0;
    printf("请输入一个十进制的数：\n");
    scanf("%d",&origin);
    do
  {
    result[i]=origin%2;
    origin /=2;
    i++;
    }while(origin);
   printf("该十进制数转化为二进制数为：");
   for(int j=i-1;j>=0;j--)
   {
       printf("%d",result[j]);
   }
 printf("\n");
}
```

运行结果如下。

```
请输入一个十进制的数：
25
该十进制数转化为二进制数为：11001
```

4. 编写程序打印出以下形式的九九乘法表。

```
        ** A MULTIPCATION TABLE **

  （1）  （2）  （3）  （4）  （5）  （6）  （7）  （8）  （9）

（1） 1    2    3    4    5    6    7    8    9

（2） 2    4    6    8    10   12   14   16   18
```

程序代码如下：

```c
#include <stdio.h>
main()
{
    printf("\t\t\t** A MULTIPCATION TABLE **  \n");
    for(int i=1;i<=9;i++)
      {
            printf("   (%1d) ",i);
      }
    printf("\n");
    for(i=1;i<=9;i++)
```

```
    {
        printf("(%1d)",i);
        for(int j=1;j<=9;j++)
        {
            printf(" %2d   ",i*j);
        }
    printf("\n");
    }
}
```

运行结果如下。

5. 编写程序，求任意方阵每行、每列、两对角线的元素之和。

```
#include <stdio.h>
#define M 3
main()
{
    int col[M]={0},ver[M]={0},rec[M][M],xsum=0,x_sum=0;
    for(int i=0;i<M;i++)
    {
        for(int j=0;j<M;j++)
        {
            printf("请输入元素：");
            scanf("%d",&rec[i][j]);
        }
    }
    for( i=0;i<M;i++)
    {
        for(int j=0;j<M;j++)
        {
            printf("rec[%d][%d]=%d\t",i,j,rec[i][j]);
        }
    printf("\n");
    }
    printf("\n");
    for( i=0;i<M;i++)
    {
        for(int j=0;j<M;j++)
        {
            col[i] =col[i]+rec[i][j];
            ver[i] +=rec[j][i];
            if(i+j==M-1)
            {
                x_sum +=rec[i][j];
```

```
            }
      if(i==j)
       {
          xsum +=rec[i][j];
        }
       }
      }
    for(i=0;i<M;i++)
      {
         printf("各行元素之和分别为：col[%d]=%d\n",i,col[i]);
      }
    printf("\n");
    for(i=0;i<M;i++)
      {
           printf("各列元素之和分别为：ver[%d]=%d\n",i,ver[i]);
      }
    printf("\n");
    printf("主对角线上的元素的和为：%d\n\n 副对角线上的元素的和为：%d\n",xsum,x_sum);
}
```

若要改变矩阵的维数，可以只改变 M 的大小即可。

运行结果如下。

8.1 实 验 目 的

1. 掌握指针的基本概念和基本用法。包括：变量的地址和变量的值，指针变量的说明，指针变量的初始化，指针的内容与定义格式，指针的基本运算等。
2. 掌握指针与数组的关系并能够利用指针解决数组的相关问题。
3. 掌握指针与字符串的关系并能够利用指针处理字符串的问题。
4. 掌握指针与函数的关系并能够利用指针处理函数问题。
5. 了解指向指针的指针的概念及其使用方法。

8.2 实 验 内 容

8.2.1 指针操作（1 学时）

1. 掌握指针的基本概念

在 Visual C++ 6.0 环境下编辑、编译和运行如下程序，理解指针的基本概念。

```c
#include<stdio.h>
main()
{
    int a;
    int *pa=&a;
    a=10;
    printf("变量 a 地址（&a）:%x\n",&a);
    printf("变量 a 的值（a）:%d\n",a);
    printf("指针变量 pa 的地址（&pa）:%x\n",&pa);
    printf("指针变量 pa（pa）:%x\n",pa);
    printf("指针变量 pa 的目标变量（*pa）:%d\n",*pa);
}
```

程序运行结果如下。

指针：就是内存中的一个存储单元的地址，即内存单元的编号。

指针变量：是一个能存放地址值的变量。通过它存放的地址值能间接访问它所指向的变量。

指针变量的定义格式为：类型名　*指针变量名。

类型名说明中可取 C 语言的有效类型，* 表示为指针型变量。例如：

```
char  *c1;
```

表示 c1 是指针变量，其基类型是字符型。

　　　　指针的基类型与其所指向的变量的类型要统一。

2. 指针的基本操作

（1）使指针变量指向某个变量（即将某变量的地址值赋给指针变量）例如：

```
int x;  int *p=&x;  或   int x , *p;   p=&x ;
```

（2）用间址运算（运算符为*）访问所指变量，例如：

```
*p=5;  //用作左值时代表所指的变量
```

```
x=*p+9;  //用作右值时代表所指变量的值，指针变量在使用之前一定要指向某变量，而不能用常数
```
直接赋值。

（3）指针运算的优先级与结合性（主要涉及*、&、++、−−）单目运算符优先级是相同的，但从右向左结合。

例如，输入两个整型数据，比较二者的大小。在 Visual C++ 6.0 环境下编辑、编译和运行如下程序，写出程序的运行结果。

```
#include<stdio.h>
main()
{
    int *p1,*p2,*p;
    int a,b;
    printf("请输入两个数：\n");
    scanf("%d%d",&a,&B);
    p1 = &a;
    p2 = &b;
    if(*p1<*p2)
```

```
    {
        p = p1;
        p1 = p2;
        p2 = p;
    }
    printf("较大的数是：%d，较小的数是：%d。\n",*p1,*p2);
}
```

程序运行结果如下。

注意以下等价操作。

（1）*&a 等同于 a；&*p 等同于&a。

（2）*p++等同于*（p++）。

（3）*++p 等同于*(++p)。

（4）（*p）++与*（p++）的区别。（*p）++是变量值增值，相当于 a++；而*（p++）则是用完当前值后，指针值增值，即相当于 a, p++，指向了新的地址。

8.2.2 通过指针传递参数（1 学时）

指针变量作为函数参数与普通变量作为函数参数的区别。

在 Visual C++ 6.0 环境下编辑、编译和运行如下程序，比较两个程序的不同。

程序 1：

```c
#include<stdio.h>
swap(intx,int y)
{
    int temp;
    temp=x;
    x=y;
    y=temp;
}
main()
{
    int a,b;
    printf("输入两个数：");
    scanf("%d,%d",&a,&b);
    if(a<b)
    {
        swap(a,b);
    }
```

```
    printf("\n%d,%d\n",a,b);
}
```

程序运行结果如下。

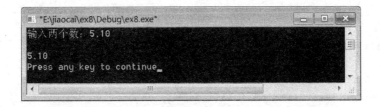

程序 2：

```
#include<stdio.h>
swap(int *x,int *y)
{
    int temp;
    temp=*x;
    *x=*y;
    *y=temp;
}
main()
{
    int a,b;
    int *pointer_a,*pointer_b;
    printf("input a,b");
    scanf("%d,%d",&a,&b);
    pointer_a=&a;
    pointer_b=&b;
    if(a<b)
    {
        swap(pointer_a,pointer_b);
    }
    printf("%d %d\n",a,b);
}
```

程序运行结果如下。

8.2.3　指针与数组（1 学时）

1. 掌握指针与数组的关系并能够利用指针解决数组的相关问题。在 Visual C++ 6.0 环境下编辑、编译和运行如下程序，体会数组与指针的关系。

```c
#include <stdio.h>
main()
{
    int a[5],*pa,i;
    for(i=0;i<5;i++)
        a[i]=i+1;
    pa=a;
    for(i=0;i<5;i++)
        printf("&a[%d]:%d\n",i,&a[i]);
    for(i=0;i<5;i++)
        printf("(a+%d):%d\n",i,(a+i));
    for(i=0;i<5;i++)
        printf("a[%d]:%d\n",i,a[i]);
    for(i=0;i<5;i++)
        printf("*(a+%d):%d\n",i,*(a+i));
    printf("*************************\n");
    for(i=0;i<5;i++)
        printf("&pa[%d]:%d\n",i,&pa[i]);
    for(i=0;i<5;i++)
        printf("(pa+%d):%d\n",i,(pa+i));
    for(i=0;i<5;i++)
        printf("pa[%d]:%d\n",i,pa[i]);
    for(i=0;i<5;i++)
        printf("*(pa+%d):%d\n",i,*(pa+i));
}
```

程序运行结果如下。

```
"E:\jiaocai\ex8\Debug\ex8.exe"
&a[0]:1638196
&a[1]:1638200
&a[2]:1638204
&a[3]:1638208
&a[4]:1638212
(a+0):1638196
(a+1):1638200
(a+2):1638204
(a+3):1638208
(a+4):1638212
a[0]:1
a[1]:2
a[2]:3
a[3]:4
a[4]:5
*(a+0):1
*(a+1):2
*(a+2):3
*(a+3):4
*(a+4):5
```

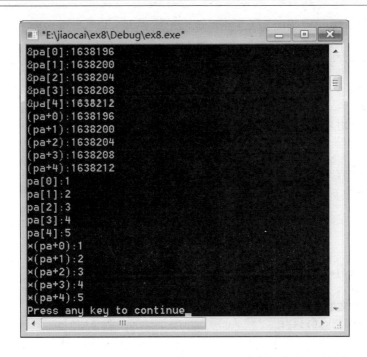

2. 将数组 a[10]={3,7,9,11,0,6,7,5,4,2}中的整数按相反顺序存放（采用 4 种方式实现:（1）实参和形参均用数组;（2）实参用数组，形参用指针变量;（3）实参和形参均用指针变量;（4）实参用指针变量，形参用数组）。

在 Visual C++ 6.0 环境下编辑、编译和运行如下程序，比较程序的不同。

程序 1（实参和形参均用数组）:

```
voidinv(int  x[], int n)
{
    intt,i,j,m=(n-1)/2;
    for(i=0;i<=m;i++)
    {
        j=n-1-i;
        t=x[i];
        x[i]=x[j];
        x[j]=t;
    }
}
main()
{
    int i,a[10]={3,7,9,11,0,6,7,5,4,2};
    inv(a,10);
    printf("数组的反向顺序为: \n");
    for(i=0;i<10;i++)
    {
        printf("%d,",a[i]);
    }
    printf("\n");
}
```

程序 2（实参用数组，形参用指针变量）:

```
voidinv(int *x, int n)
{
    int t,*p,*i,*j,m=(n-1)/2;
    i=x;
    j=x+n-1;
    p=x+m;
    for(;i<=p;i++,j--)
    {
        t=*i;
        *i=*j;
        *j=t;
    }
}
main()
{
    inti,a[10]={3,7,9,11,0,6,7,5,4,2};
    inv(a,10);
    printf("数组的反向顺序为：\n");
    for(i=0;i<10;i++)
    {
        printf("%d,",a[i]);
    }
    printf("\n");
}
```

程序 3（实参和形参均用指针变量）：

```
voidinv(int *x, int n)
{
    int t,*i,*j,*p,m=(n-1)/2;
    i=x;
    j=x+n-1;
    p=x+m;
    for(;i<=p;i++,j--)
    {
        t=*i;
        *i=*j;
        *j=t;
    }
}
main()
{
    inti,a[10]={3,7,9,11,0,6,7,5,4,2},*p=a;
    p=a;
    inv(p,10);
    printf("The array has been reverted:\n");
    for(p=a;p<a+10;p++)
    {
        printf("%d,",*p);
    }
    printf("\n");
}
```

程序 4（实参用指针变量，形参用数组）：

```
voidinv(int  x[], int n)
{
    int t,i,j,m=(n-1)/2;
    for(i=0;i<=m;i++)
    {
        j=n-1-i;
        t=x[i];
        x[i]=x[j];
        x[j]=t;
    }
}
main()
{
    inti,a[10]={3,7,9,11,0,6,7,5,4,2},*p=a;
    p=a;
    inv(p,10);
    printf("The array has been reverted:\n");
    for(p=a;p<a+10;p++)
    {
        printf("%d,",*p);
    }
    printf("\n");
}
```

程序的运行结果如下。

　数组的几个基本操作如下。

（1）数组的地址：即数组中首个元素 a[0] 的地址。

（2）数组地址的表示方法：①用数组名 a，②取首元素的地址，即 &a[0]。

（3）数组指针：是指向数组的指针变量的简称，即指针变量中存放的是某数组的首地址。

例：

若有　int　a[10]，*p；p=&a；则可称 p 为 a 数组的指针，或称 p 指向数组 a。

（4）指针与数组的关系：通过移动指针使其指向不同的数组元素。

p, (p+1), (p+2), …, (p+9)	*p, *(p+1), *(p+2), …, *(p+9)
等同于 &a[0], &a[1], &a[2], …, &a[9]	等同于 a[0], a[1], a[2], …, a[9]

（5）一维数组元素的合法引用方式。

方式一：数组名[下标]，例如 a[0]，a[1]，…

方式二：指针名[下标]，例如 p[0]，p[1]，…

方式三：*（指针名+下标），例如 *p，*(p+0)，*(p+1)，…

方式四：*（数组名+下标），例如 *a，*(a+0)，*(a+1)，…

在 C 语言中，数组名就是第一个元素的地址，因此对数组的引用可以直接用*a 表示 a[0]，用*(a+1)表示 a[1]，用*(a+2)表示 a[2]，…，用*(a+9)表示 a[9]。

（6）使用字符指针变量的常见错误。

字符指针变量的值是可以改变的，而字符数组名的值是不可以改变的。

例1：

```
#include <stdio.h>
void main()
{
    char *str="Good luck!";
    puts(str);
    str+=5;  //ok
    puts(str);
}
```

例2：

```
#include <stdio.h>
void main()
{
    char str[20]="Good luck!";
    puts(str);
    str+=5;   //error!
    puts(str);
}
```

指针的其他应用情况。

（1）指针数组与指向一维数组的指针变量。

指针数组：一个数组，它的元素都为指针类型。

定义方式为：类型说明 *数组名[整型常量表达式]。

如：char *s[4]; 定义了一个指针数组，即 s[0],s[1],s[2],s[3]均用来存放地址值，主要用于处理多个字符串。

（2）指向指针的指针（二级指针）。

指向指针的指针也就是"二级指针"。

定义方式如下：类型说明 **指针变量名。

即定义一个二级指针变量，类型说明是它指向的指针变量所指向的变量的数据类型。它所指向的指针变量称为一级指针变量。

赋值形式为：二级指针变量=&一级指针变量。

这类似于张三有李四的地址，而王五有张三的地址，这样王五通过张三找到李四。这样张三是一级指针，而王五是二级指针。

（3）指针数组作 main 函数的形参。

指针数组的一个重要应用是作为 main 函数的形参。在以往的程序中，main 函数的第一行一般写成以下形式：void main(   )。然而，main 函数可以有参数，例如：void main(int argc, char *argv[ ])。argc 和 argv 就是 main 函数的形参。

main 函数是由操作系统调用的。实际上实参是和命令一起给出的。也就是在一个命令行中包括命令名和需要传给 main 函数的参数。

命令行的一般形式为：命令名 参数 1 参数 2 ……参数 n

有关指针的数据类型如表 8-1 所示。

表 8-1 指针的数据类型

定义	含义
int i;	定义整型变量 i
int *p;	p 为指向整型数据的指针变量
int a[n];	定义整型数组 a，它有 *n* 个元素
int *p[n];	定义指针数组 p，它由 *n* 个指向整型数据的指针元素组成
int (*p)[n];	p 为指向含 *n* 个元素的一维数组的指针变量
int f( );	f 为带回整型函数值的函数
int *p( );	p 为带回一个指针的函数，该指针指向整型数据
int (*p)( );	p 为指向函数的指针，该函数返回一个整型值
int **p;	p 是一个指针变量，它指向一个指向整型数据的指针变量

8.3 习   题

一、程序题

1. 请写出输出结果。

```
# include <stdio.h >
main (    )
{
    int  x[ ] = {10, 20, 30, 40, 50 };
    int  *p ;
    p=x;
    printf ("%d", *(p+2 ) );
}
```

解析：首先定义一个整型数组 x，x 的长度为 5；然后定义一个指针变量 p；对 p 进行初始化，将数组 x 的地址赋给 p。因此此时 p 中存放的是数组 x 的首地址，即数组中第一个元素 x[0] 的地址。然后执行 printf 语句，输出表达式 *(p+2) 的值。p+2 表示以 p 当前指向的位置起始，之后第 2 个元素的地址，即 a[2] 的地址。*(p+2) 则表示该地址内所存放的内容，即 a[2] 的值 30，因此输出 30。

答案：运行结果为：30

2．请写出输出结果。

```
#include <stdio.h>
main( )
{ char s[]="abcdefg";
  char *p;
  p=s;
  printf("ch=%c\n",*(p+5));
}
```

解析：首先定义一个字符型数组 s，并用字符串 abcdefg 对 s 进行初始化；然后定义一个字符型指针变量 p；对 p 进行初始化，将数组 s 的地址赋给 p。因此此时 p 中存放的是数组 s 的首地址，即数组中第一个元素 s[0] 的地址。然后执行 printf 语句，输出表达式*(p+5)的值。p+5 表示以 p 当前指向的位置起始，之后第 5 个元素的地址，即 a[5] 的地址。*(p+5)则表示该地址内所存放的内容，即 a[5] 的值 f，因此输出 ch=f。

答案：运行结果为：

```
ch=f
```

3．请写出输出结果。

```
#include<stdio.h>
main ( )
{
    int a[]={1, 2, 3, 4, 5};
    int x, y, *p;
    p=a;
    x=*(p+2);
    printf("%d: %d \n", *p, x);
}
```

解析：首先定义一个整型数组 a，并对 a 进行初始化；然后定义整型变量 x，y，整型指针变量 p；再将数组 a 的地址赋给 p。因此此时 p 中存放的是数组 a 的首地址，即数组中第一个元素 a[0] 的地址。执行 x=*(p+2)；p+2 表示以 p 当前所指向的位置起始，之后第 2 个元素的地址，即 a[2] 的地址。*(p+2)则表示该地址内所存放的内容，即 a[2] 的值 3，然后再把 3 赋给 x。然后执行 printf 语句，先输出表达式*p 的值。此时*p 表示的是 p 所指向变量的内容，即 a[0] 的值 1，再输出一个冒号，然后再输出 x 中的值 3。

答案：运行结果为：

```
1:3
```

4．请写出输出结果。

```
#include<stdio.h>
main()
{
    int  arr[ ]={30,25,20,15,10,5},  *p=arr;
    p++;
    printf("%d\n",*(p+3));
}
```

解析：首先定义一个整型数组 arr，并对 arr 进行初始化；然后定义整型指针变量 p；再将

数组 arr 的地址赋给 p。因此此时 p 中存放的是数组 arr 的首地址,即数组中第一个元素 a[0]
的地址。执行 p++,即 p=p+1。p+1 表示以 p 当前所指向的位置起始,之后第 1 个元素的地
址,即 arr[1]的地址,然后再将 arr[1]的地址赋给 p,执行完此语句后,p 不再指向 arr[0],而
是指向 arr[1]。然后执行 printf 语句,输出表达式*(p+3)的值。p+3 表示以 p 当前指向的位置
起始(此时 p 指向 arr[1]),之后第 3 个元素的地址,即 arr[4]的地址。*(p+3)则表示该地址内
所存放的内容,即 arr[4]的值 10,因此输出 10。

答案:运行结果为:10

5. 请写出输出结果。

```
#include <stdio.h>
main( )
{
    int  a[ ]={1, 2, 3, 4, 5, 6};
    int  x, y, *p;
    p = &a[0];
    x = *(p+2);
    y = *(p+4);
    printf("*p=%d, x=%d, y=%d\n", *p, x, y);
}
```

解析:首先定义一个整型数组 a,并对 a 进行初始化;然后定义整型变量 x,y,整型指
针变量 p;再将数组元素 a[0]的地址赋给 p。执行 x=*(p+2);,p+2 表示以 p 当前所指向的位
置起始,之后第 2 个元素的地址,即 a[2]的地址。*(p+2)则表示该地址内所存放的内容,即
a[2]的值 3,然后再把 3 赋给 x 执行 y = *(p+4);,p+4 表示以 p 当前所指向的位置起始,之后
第 4 个元素的地址,即 a[4]的地址。*(p+4)则表示该地址内所存放的内容,即 a[4]的值 5,然
后再把 5 赋给 y 执行 printf 语句,先输出表达式*p 的值。此时*p 表示的是 p 所指向变量的内
容,即 a[0]的值 1,再输 x 的值 3,再输出 y 的值 5。

答案:运行结果为:

 *p=1, x=3, y=5

6. 请写出运行结果。

```
#include<stdio.h>
main( )
  {
    static char a[ ]= "Program", *ptr;
    for(ptr=a, ptr<a+7; ptr+=2)
    putchar(*ptr);
  }
```

首先定义一个字符型数组 a,并对 a 进行初始化;然后定义字符型指针变量 p;执行 for
语句 ptr=a 为表达式 1,将数字 a 的地址赋给 ptr;表达式 2(循环条件)ptr<a+7;表达式 3
为 ptr+=2,即 ptr= ptr+2;

(1)第 1 次执行循环体

执行 putchar(*ptr);即输出*ptr 所对应的字符。此时 ptr 指向数组中的第 1 个元素,即 a[0],
因此*ptr 表示 a[0]中的值,即' P'。

执行完循环体，转向执行表达式 3，即 ptr= ptr+2。ptr+2 表示以 ptr 当前所指向的位置起始，之后第 2 个元素的地址，即 a[2]的地址，然后将 a[2]的地址赋给 ptr。a[2]的地址等价于 a+2，因此循环条件 ptr<a+7 成立，继续执行循环体。

（2）第 2 次执行循环体

执行 putchar(*ptr);即输出*ptr 所对应的字符。此时 ptr 指向数组中的第 3 个元素，即 a[2]，因此*ptr 表示 a[2]中的值，即 'o'。

执行完循环体，转向执行表达式 3，即 ptr= ptr+2。ptr+2 表示以 ptr 当前所指向的位置起始，之后第 2 个元素的地址，即 a[4]的地址，然后将 a[4]的地址赋给 ptr。a[4]的地址等价于 a+4，因此循环条件 ptr<a+7 即 a+4<a+7 成立，继续执行循环体。

（3）第 3 次执行循环体

执行 putchar(*ptr);即输出*ptr 所对应的字符。此时 ptr 指向数组中的第 5 个元素，即 a[4]，因此*ptr 表示 a[4]中的值，即 'r'。

执行完循环体，转向执行表达式 3，即 ptr= ptr+2。ptr+2 表示以 ptr 当前所指向的位置起始，之后第 2 个元素的地址，即 a[6]的地址，然后将 a[6]的地址赋给 ptr。a[6]的地址等价于 a+6，因此循环条件 ptr<a+7 即 a+6<a+7 成立，继续执行循环体。

（4）第 4 次执行循环体

执行 putchar(*ptr);即输出*ptr 所对应的字符。此时 ptr 指向数组中的第 7 个元素，即 a[6]，因此*ptr 表示 a[6]中的值，即 'm'。

执行完循环体，转向执行表达式 3，即 ptr= ptr+2。ptr+2 表示以 ptr 当前所指向的位置起始，之后第 2 个元素的地址，即 a[8]的地址，然后将 a[8]的地址赋给 ptr。a[6]的地址等价于 a+8，因此循环条件 ptr<a+7 即 a+8<a+7 不成立，结束循环。

运行结果为：

```
Porm
```

7. 请写出运行结果。

```
#include <stdio.h>
char s[]="ABCD";
main()
 {
     char *p;
     for(p=s;p<s+4;p++)
     printf("%c %s\n",*p,p);
 }
```

解析：

首先定义一个字符型数组 s，并对 s 进行初始化；数组 s 是全局变量，其有效范围从其定义开始至整个程序结束。

（1）执行 main 函数

定义一个字符型指针 p。执行 for 语句　p=s 为表达式 1，将数字 s 的首地址赋给 p；表达式 2（循环条件）p<s+4；表达式 3 为 p++，即 p= p+1；

（2）第 1 次执行循环体

执行 printf("%c %s\n",*p,p);即以字符%c 形式输出*p 所对应的字符。此时 p 指向数组中的第 1 个元素，即 s[0]，因此*p 表示 a[0]中的值，即'A'，然后再以字符串%s 的形式输出以 p 中地址为首地址的整个字符串，即输出 ABCD 执行完循环体，转向执行表达式 3，即 p=p+1。p+1 表示以 p 当前所指向的位置起始，之后 1 个元素的地址，即 s[1]的地址，然后将 a[1]的地址赋给 p。s[1]的地址等价于 s+1，因此循环条件 p<s+4 成立，继续执行循环体。

（3）第 2 次执行循环体

执行 printf("%c %s\n", *p,p);即以字符%c 形式输出*p 所对应的字符。此时 p 指向数组中的第 2 个元素，即 s[1]，因此*p 表示 s[1]中的值，即'B'。然后再以字符串%s 的形式输出以 p 中地址为首地址的整个字符串，此时 p 指向 s[1]，即从 s[1]开始，依次输出后面的字符串，因此又输出 BCD 执行完循环体，转向执行表达式 3，即 p= p+1。p+1 表示以 p 当前所指向的位置起始，之后 1 个元素的地址，即 s[2]的地址，然后将 a[2]的地址赋给 p。s[2]的地址等价于 s+2，因此循环条件 p<s+4 成立，继续执行循环体。

（4）第 3 次执行循环体

执行 printf("%c %s\n", *p,p);即以字符%c 形式输出*p 所对应的字符。此时 p 指向数组中的第 3 个元素，即 s[2]，因此*p 表示 s[2]中的值，即'C'。然后再以字符串%s 的形式输出以 p 中地址为首地址的整个字符串，此时 p 指向 s[2]，即从 s[2]开始，依次输出后面的字符串，因此又输出 CD 执行完循环体，转向执行表达式 3，即 p= p+1。p+1 表示以 p 当前所指向的位置起始，之后 1 个元素的地址，即 s[2]的地址，然后将 s[2]的地址赋给 p。s[2]的地址等价于 s+3，因此循环条件 p<s+4 成立，继续执行循环体。

（5）第 4 次执行循环体

执行 printf("%c %s\n", *p,p);即以字符%c 形式输出*p 所对应的字符。此时 p 指向数组中的第 4 个元素，即 s[3]，因此*p 表示 s[3]中的值，即'D'，然后再以字符串%s 的形式输出以 p 中地址为首地址的整个字符串，即输出 D 执行完循环体，转向执行表达式 3，即 p= p+1。p+1 表示以 p 当前所指向的位置起始，之后 1 个元素的地址，即 s[3]的地址，然后将 s[3]的地址赋给 p。s[3]的地址等价于 s+4，因此循环条件 p<s+4 不成立，结束循环。

答案：运行结果为：

A　ABCD

B　BCD

C　CD

D　D

第9章
结构体和共用体

9.1 实 验 目 的

1. 了解结构体和共用体的基本格式。
2. 了解不同结构体、共用体成员变量的读写方法。
3. 编写指定的结构体变量，并访问、赋值成员变量。
4. 会用结构体和共用体制开发小型的应用程序。

9.2 实 验 内 容

9.2.1 结构体练习（1学时）

（1）启动 VC，单击"File"菜单，在下拉菜单中单击"New"选项，在弹出的对话框中选择左上角的"File(文件)"选项卡，选择"C++SourceFile"选项，文件命名为 ex9.c。

（2）结构体的使用。建立学生信息结构体，并建立一个学生王林（wanglin）的记录。

```
#include <stdio.h>
main()
{
    struct grade   /* 定义结构体类型 */
    {
    int number;
    char name[20];
    int score;
    };
    struct grade wanglin;   /* 说明结构体变量 */
    printf("Please input the number, name, score:\n");
    scanf("%d,%s,%d", &wanglin.number,    wanglin.name, &wanglin.score);
    printf("wanglin 'information is: %d/%s/%d\n", wanglin. number, wanglin.name,
```

```
wanglin.score);
  }
```

程序运行结果如下。

（3）结构体数组。下面程序中 fun 函数的功能是：统计形参指针 person 所指向的结构体数组中所有性别（sex）为 M 的记录个数，最后将结果存入变量 n 中。

```
#include  <stdio.h>
#define N 3
struct  student
{
    int num;char nam[10];char sex;
};
int fun (struct student *p)
{
   int i,n=0;
   for (i=0;i<N;i++)
   if( (p+i)->sex=='M')
   n++;
   return n;
}
main()
{
   struct student w[N]={{1,"AA",'F'},{2,"BB",'M'},{3,"CC",'M'}};
   int n;
   n=fun(w);
   printf("n=%d",n);
}
```

程序运行结果如下。

（4）通过指针访问结构体数组。已知学生的记录由学号和学习成绩构成，N 名学生的数据已存入 a 结构体数组中，请编写函数 fun，该函数的功能是：找出成绩最低的学生记录信息，通过形参 s 返回主函数并输出。

```c
#include<stdio.h>
#include<string.h>
#define N 5
struct student
{
   char num[10];
   int s;
};
fun(struct student a[],struct student *s)
{
   int i,min,k;
   min=a[0].s;
   k=0;
   for(i=1;i<=4;i++)
    if(min>a[i].s)
     k=i;
    strcpy(s->num,a[k].num);
    s->s=a[k].s;
}
main()
{
   struct student a[N]={{"1001",67},{"1002",78},
   {"1003",49},{"1004",89},{"1005",69}};
   struct student *p,stu;
   p=&stu;
   fun(a,p);
   printf("%s,%d\n",p->num,p->s);
}
```

程序运行结果如下。

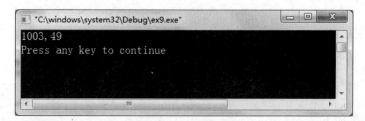

9.2.2 共用体练习（1学时）

1. 共用体成员变量的赋值

先对成员变量 c 赋值，再对 i 赋值 0x39（表示字符 9 的 ASCII 编码），变量 c 的内容被覆盖，编辑并运行以下程序：

```c
#include  <stdio.h>
main()
{
 union {
 unsigned char c;
 unsigned int i;
 } a;
```

```
    a.c='a';
    printf("%c",a.c);
    a.i=0x39;
    printf("%c\n",a.c);
}
```

运行程序，单击主菜单栏中的"Build（组建）"，在其下拉菜单中选择"Compile（编译）"项。

运行程序（"Build 菜单"→"!Execute 命令"），程序运行结果如下。

2. 共用体成员变量的输出

对成员变量 c 赋值，然后输出成员变量 c 和 i，变量 i 的内容为 c 的 ASCII 编码，编辑并运行以下程序：

```
#include  <stdio.h>
main()
{
    union
    {
     unsigned char c;
     unsigned int i;
    } a;
    a.i=0;
    a.c='a';
    printf("%c\n",a.c);
    printf("%d\n",a.i);
}
```

运行程序，单击主菜单栏中的"Build（组建）"，在其下拉菜单中选择"Compile（编译）"项。

运行程序（"Build 菜单"→"!Execute 命令"），程序运行结果如下。

9.3　习　　题

1. 以下程序运行的结果是（　　　）。

```
#include "stdio.h"
main( )
{
    struct  date
    {
    int year , month , day ;
    } today ;
    printf("%d\n",sizeof(struct  date));
}
```
　（A）6　　　　　　（B）8　　　　　　（C）10　　　　　　（D）12

解析：本题考查了不同变量在内存中所占字节的位数。现总结如下：char 型变量占 1 个字节；针对 TC2.0 版本的开发环境，int 型变量占 2 个字节（对于其他开发环境，则依据开发环境而有调整）；long 和 float 型变量占 4 个字节；double 型变量占 8 个字节。

答案：A

2. 变量 a 所占内存字节数是（　　　）。

```
union U
{
    char  st[4];
    int  d ;
    long  m ;
} ;
struct  A
{    int  c;
     union  U  u ;
} a ;
```
　（A）6　　　　　（B）8　　　　　（C）10　　　　　（D）12

　　　　　联合体分配内存时是按照所占内存最多的一类变量的数目分配的。而不是所有变量所占内存数量的和，针对 TC2.0 版本的开发环境，int 型变量占 2 个字节。

答案：A

3. 以下程序输出结果是（　　　）。

```
 struct stu
{
     int  x, *y;
}*p ;
    int  dt[4]={ 10 , 20 , 30 , 40 };
    struct stu a[4]={50 , &dt[0] , 60 , &dt[1] , 70 , &dt[2] , 80 , &dt[3] } ;
main()
{
    p=a;
    printf("%d, " , ++p->x);     //语句 1
    printf("%d, " , (++p)->x );  //语句 2
    printf("%d\n" , ++(*p->y) ); //语句 3
}
```
　（A）10，20，20　　　　　　　　　　　　　　（B）50，60，21

（C）51，60，21　　　　　　　　　　　　　　（D）60，70，31

解析：这类题考查了结构体成员变量的访问以及运算符的优先级。需要注意的是"->"的优先级大于"++"和"*"的优先级。

语句 1 中，先执行 p->x ，得到 50 后再++，得到结果 51。

语句 2 中，先执行(++p)，指针移动后，取得成员变量 x 的值为 60。

语句 3 中，先取得*p->y 的值，即 dt[1]的值，然后++，最后得 21。

答案：C

4. 能定义 s 为合法的结构体变量的是（　　）。

（A）

```
typedef  struct  abc
    {
      double  a;
      char  b[10];
    }s;
```

（B）

```
struct  abc
    {
      double  a;
        char  b[10];
    };
    abc  s;
```

（C）

```
typedef  struct
{
  double  a;
  char  b[10];
}abc;
 abc  s;
```

（D）

```
typedef  abc
    {
    double  a;
    char  b[10];
    };
    abc  s;
```

解析：A 选项是用新类型名 s 代替结构体类型 struct abc；

B 选项定义变量 s 时出错，结构体类型名是 struct abc，而非 abc；

C 选项是用新类型名 abc 代替结构体类型，用 abc 是类型名、s 为结构体变量；

D 选项定义结构体类型的方法不正确。

答案：C

5. 有以下程序的输出结果（　　）。

```
struct  stu
{
    int num; char  name[10];   int  age;
};
void  fun(struct  stu  *p )
{
    printf("%s\n", (*p).name );
}
main( )
{
    struct   stu  students[3]={ {9801, "Zhang", 20},
{9802, "Wang", 19},{9803, "Zhao", 18}};
    fun(students+2);
}
```

（A）Zhao　　　　　（B）Wang　　　　（C）Zhang　　　　（D）无答案

解析：调用 fun 函数时，其实参为结构体数组的第 3 个元素的地址，故形参的结构体指针指向 students[2]元素。

答案：A

6. 若有以下定义和语句：

```
struct student
{
    int num;  int  age;
};
    struct student stu[3]={{1001,20},{1002, 19},{1003, 21}}};
main( )
{
    struct student *p;
    p=stu;
}
```

则以下不正确的引用是（   ）。

（A）(p++)->num   （B）(p++).num

（C） (*p).num   （D）p=&stu.age;

解析：p 是指向结构体变量的指针，故它只能指向结构体变量。&stu.age 的地址只能用指向 int 型的指针变量存储。

答案：D

第10章
文件

10.1 实 验 目 的

1. 了解文件的基本格式。
2. 了解不同文件的读写方法。
3. 掌握 C 语言文件读写的设计方法。
4. 根据要求，编写指定文件读写函数。
5. 掌握容错处理的基本方法和手段。

10.2 实 验 内 容

10.2.1 文件打开与关闭（1 学时）

启动 VC，单击 File，在下拉菜单中单击 New，弹出一个对话框，单击此对话框的左上角的 File（文件）选项卡，选择 C++SourceFile 选项，文件名为 ex9_1.c。C 语言文件的知识点包括数据流、缓冲区、文件类型、文件存取方式。

（1）数据流：指程序与数据的交互是以流的形式进行的。进行 C 语言文件的存取时，都会先进行"打开文件"操作，这个操作就是在打开数据流，而"关闭文件"操作就是关闭数据流。

（2）缓冲区（Buffer）：指在程序执行时，所提供的额外内存，可用来暂时存放做准备执行的数据。它的设置是为了提高存取效率，因为内存的存取速度比磁盘驱动器快得多。

在程序运行的目录下打开文件 test.txt，如果打开成功，输出字符串"The file is open!"，编辑并运行以下程序。

```
#include<stdio.h>
main()
{
    FILE *fp;
```

```
fp = fopen("test.txt", "r");
if(fp == NULL)
    printf("fail to open the file! \n");
else
{
printf("The file is open! \n");
fclose(fp);
}
}
```

运行程序时，先单击主菜单栏中的 Build（组建），在其下拉菜单中选择 Compile（编译）项，进行编译。

编译成功后，可以运行程序（Build 菜单→!Execute 命令），程序运行结果如下。

在这个程序中，工程文件夹位于 D:\exj10，我们在这个目录下新建一个文件 test.txt，再次运行程序，就可以正确打开了，程序运行结果如下。

（3）文件类型：文件分为文本文件和二进制文件两种。文本文件是以字符编码的方式进行保存的。二进制文件将内存中数据原封不动保存至文件中，适用于非字符为主的数据。如果以记事本打开，只会看到一堆乱码。

其实，除了文本文件外，所有的数据都可以算是二进制文件。二进制文件的优点在于存取速度快、占用空间小以及可随机存取数据。

（4）文件存取方式：包括顺序存取方式和随机存取方式两种。顺序读取也就是从上往下，一笔一笔读取文件的内容。保存数据时，将数据附加在文件的末尾。这种存取方式常用于文本文件，而被存取的文件则称为顺序文件。

随机存取方式多半以二进制文件为主。它会以一个完整的单位来进行数据的读取和写入，通常以结构为单位。

10.2.2　文件的写入与输出（1 学时）

1. 文件的写入

输入一个字符串作为要创建的文件名，然后输入一些字符作为文件内容写入文件，请测试以下程序。

```
#include<stdio.h>
#include<conio.h>
main()
{
    char filename[20],ch;
    FILE *fp;
    printf("Enter a file name:");
    scanf("%s",filename);
    printf("Enter some characters to output to file:");
    if((fp=fopen(filename,"w"))==NULL)
        printf("failtoopen!\n");
    else
    {
        while((ch=getche())!='\n')
        fputc(ch,fp);
    }
    fclose(fp);
    return0;
}
```

2. 文件的输出

下面是一个输出 test.txt 文件内容的程序，请编辑并运行以下程序。

```
#include <stdio.h>
main()
{
    FILE *fp;
    fp = fopen("test.txt", "r");
    if(fp != NULL)
    {
        while(!feof(fp))
            printf("%c", fgetc(fp));
    }
    else
        printf("fail to open! \n");
        fclose(fp);
}
```

例如，test.txt 文件内容如图 10-1 所示。

图 10-1　程序进行截图

运行程序时，先单击主菜单栏中的 Build（组建），在其下拉菜单中选择 Compile（编译）项，进行编译。

编译成功后，可以运行程序（Build 菜单→!Execute 命令），程序运行结果如下。

C 语言中主要通过标准 I/O 函数来对文本文件进行处理。相关的操作包括打开、读写、关闭，相关的存取函数有 fopen()、fclose()、fgetc()、fputc()、fgets()、fputs()、fprintf()、fscanf()等。

10.3 习　　题

1. 若执行 fopen 函数时发生错误，则函数的返回值是（　　　　）。

（A）地址值　　　　　　　　　　　　（B）0

（C）1　　　　　　　　　　　　　　　（D）EOF

解析：执行 fopen 函数时发生错误，则函数的返回值是 0。

答案：B

2. 若要用 fopen 函数打开一个新的二进制文件，该文件要既能读也能写，则文件方式字符串应是（　　　　）。

（A）"ab+"　　　　　　　　　　　　（B）"wb+"

（C）"rb+"　　　　　　　　　　　　（D）"ab"

解析：fopen 函数打开一个新的二进制文件，该文件要既能读也能写，要使用 wb+。

答案：B

3. fscanf 函数的正确调用形式是（　　　　）。

（A）fscanf(fp,格式字符串,输出表列);

（B）fscanf(格式字符串, 输出表列,fp);

（C）fscanf(格式字符串,文件指针,输出表列);

（D）fscanf(文件指针, 格式字符串,输入表列);

解析：考查 fscanf 的使用。

答案：D

4. fgetc 函数的作用是从指定文件读入一个字符，该文件的打开方式必须是（　　　　）。

（A）只写

（B）追加

（C）读或读写

（D）答案 b 和 c 都正确

解析：考查文件的打开方式。

答案：C

5. 函数调用语句 fseek(fp,-20L,2);的含义是（　　　　）。

（A）将文件位置指针移到距离文件头 20 个字节处

（B）将文件位置指针从当前位置向后移动 20 个字节

（C）将文件位置指针从文件末尾处后退 20 个字节

（D）将文件位置指针移到离当前位置 20 个字节处

解析：函数改变文件位置指针，可实现随机读写，其中第二个参数表示以起始点为基准移动的字节数，正数表示向前移动，负数表示向后退。第三个参数表示位移量的起始点：0 表示文件开始，1 表示文件当前位置，2 表示文件末尾。

答案：C

6. 利用 fseek 函数可实现的操作为（　　　　）。

（A）fseek(文件类型指针，起始点，位移量);

（B）fseek(位移量,起始点);

（C）fseek(位移量，起始点,fp);

（D）fseek(起始点,位移量,文件类型指针);

解析：考查 fseek 的使用。

答案：A

7. 以下程序打开路径为 c:\temp\test.txt 的文件，如果打开文件成功，输出文件内容，请在下划线处正确写出 while 条件。

```
#include <stdio.h>
main()
{
    char ch;
    FILE *fp;
    fp = fopen("c:\\temp\\test.txt", "r");
    if(fp != NULL)
    {
        ch = fgetc(fp);
        while(_____)
        {
            putchar(ch);
            ch = fgetc(fp);
        }
    }
    else
        printf("fail to open! \n");
    fclose(fp);
    return 0;
}
```

解析：C 语言用 EOF 检测文件结束。

答案：ch!=EOF

8. 以下程序利用 fprintf 函数，将数字 20、字符'M'、字符串 Leeming 写到文件 info.txt 中，在 error 注释行下有一处错误，请改正。

```
void main()
{
    FILE *fp;
    int num = 20;
    char name[10] = "Leeming";
    char gender = 'M';
    if((fp = fopen("info.txt", "w+")) == NULL)
        printf("can't open the file! \n");
    else
/******* error ***********/
        fprintf(fp, "%d, %c, %d", num, name, gender);
    fclose(fp);
}
```

解析：fprintf 使用的格式说明符和 printf 是一致的，字符串用%s，字符用%c。

答案：将 fprintf(fp, "%d, %c, %d", num, name, gender); 改为 fprintf(fp, "%d, %s, %c", num, name, gender);。

9. 以下程序要求将一条记录"LiMing"、20、'm'写入 emp.txt，然后读出文件内容。请完成 write2file 函数内容。

```
#include <stdio.h>
typedef struct
{
    char name[10];
    int  age;
    char gender;
} Person;
Person employee={"LiMing",20,'m'};
void write2file(Person emp)
{
    _____
}
void read_from_file(FILE *fp)
{
    Person emp_out;
    printf("read file");
    if((fp = fopen("emp.txt", "rb")) == NULL)
    {
        printf("cannot open file! \n");
        return;
    }
    fread(&emp_out, sizeof(Person), 1, fp);
    fclose(fp);
}
void main()
{
    FILE *fp = NULL;
    write2file(employee);
```

```
    read_from_file(fp);
}
```

解析：使用 fwrite 写入数据。

答案：FILE *fp;

```
if((fp = fopen("emp.txt", "wb")) == NULL)
    {
        printf("cannot open file! \n");
        return;
    }
    fwrite(&amp;emp, sizeof(Person), 1, fp);
    fclose(fp);
```

C 语言模拟测试题（一）

一、选择题

1. 以下有 4 组用户标识符，其中合法的一组是（　　　）。

（A）For　-sub　Case　　　　（B）4d　DO　Size

（C）f2_G3　IF　abc　　　　（D）WORD　void　define

答案：C

解析：标识符的命名规则：由字母、数字、下划线组成，第一个字符必须是字母或者下划线，标示符的命名不能同 C 语言的关键字相同（关键字表格见主教材）。A 选项中-sub 错误；B 选项中 4d 错误；D 选项中 void 是关键字。注意：关键字都是小写的，如果大写就不是关键字了。

2. 以下选项中合法的字符常量是（　　　）。

（A）“B”　　　　　　　　　　（B）'\ 010'

（C）68　　　　　　　　　　　（D）D

答案：B

解析：字符常量使用''括起来的。转义字符书写方法：1. \加上字母；2. \加上 1～3 位八进制数，这里八进制数以 0 开头；3. \加上 1～2 位十六进制数，这里十六进制数以 x 开头。例如：'\n'为第一种方法，'\012'为第二种方法，'\xa'为第三种方法。

3. 以下选项中合法的整型常量是（　　　）。

（A）0111000B

（B）0x115

（C）Hex111

（D）0119

答案：B

解析：C 语言的整型常量可以写为八进制、十进制、十六进制。没有 A 选项的二进制，C 选项十六进制要用 0x 或者 0X 做前缀，D 选项用 0 做前缀表示 8 进制，不包含数字 9 。

4. 设变量 a 是整型，f 是实型，i 是双精度型，则表达式 10+a+i*f 值的数据类型为（　　　）。

（A）int　　　　　　　　　　（B）float

（C）double　　　　　　　　　（D）不确定

答案：C

解析：按照低精度转换成高精度的原则。

5. 以下程序的输出结果是（   ）。

```
main()
{
    char c='z';
    printf("%c",c-25);
}
```

（A）a   （B）Z

（C）z-25   （D）y

答案：A

解析：方法一：'z'对应的 ASCII 码是 122，122-25=97，输出的是%c，即字符的形式，97 对应小写字母 a。方法二：与小写字母 z 相差 22 的就是小写字母 a。

6. 设有 int x=11;，则表达式（x++ * 1/3）的值是（   ）。

（A）3   （B）4

（C）11   （D）12

答案：A

解析：x++，先取 x 的值再乘以 1 除以 3，11*1=11，11/3=3 因为都是整形的数据，因此相除之后的结果应该为整形。

7. 假设所有变量均为整型，则表达式（a=2,b=5,b++,a+b）的值是（   ）。

（A）7   （B）8

（C）6   （D）2

答案：B

解析：逗号表达式的值为表达式最右边式子的值，计算过程 a=2，b=5，b=b+1=6，a+b=2+6=8，最右边式子是 a+b，其值为 8，因此整个逗号表达式的值为 8。

8. 以下程序的输出结果是（   ）。

```
#include<stdio.h>
main()
{
    int a=10,b=10;
    printf("%d,%d\n",a++,--b);
}
```

（A）10,10   （B）8,10

（C）10,9   （D）8,9

答案：C

解析：本题是++，--运算的使用，首先看输出函数的输出项，从右边开始往左计算。--b：--在 b 的前面，因此先进行 b-1 运算，再输出 b 的值，b 输出值为 9。a++：++在 a 的后面，先输出 a 的值再进行 a+1 运算，因此 a 输出的值应该为 10。

9. 以下程序的输出结果是（   ）。

```
main( )
{   int k=17;
    printf("%d, %o, %x\n", k, k, k);
}
```

（A）17，021，0x11　　　　　　　　（B）17，17，17

（B）17，0x11，021　　　　　　　　（D）17，21，11

答案：D

10．若变量已正确说明为 float 类型，要通过语句 scanf("%f %f %f ",&a,&b,&c); 给 a 赋 10.0，b 赋 22.0，c 赋 33.0，不正确的输入形式是（　　　）。

（A）10<回车>　　　　　　　　　　（B）10.0,22.0,33.0<回车>

　　　22<回车>

　　　33<回车>

（C）10.0<回车>　　　　　　　　　　（D）10　　22<回车>

　　　22.0　33.0<回车>　　　　　　　　　33<回车>

答案：B

解析：考查输入函数的使用方法，使用 scanf 函数，输入时按空格或者回车将数据隔开。

11．若有条件表达式 (exp)?a++:b--，则以下表达式中能完全等价于表达式(exp)的是（　　　）。

（A）(exp==0)　　　　　　　　　　（B）(exp!=0)

（C）(exp==1)　　　　　　　　　　（D）(exp!=1)

答案：B

解析：我们先分析题目的条件，如果 exp 为真（也就是说 exp 不为 0）那么输出 a++，否则输出 b--，很明显应该选择 exp! =0。

12．当 a=1，b=3，c=5，d=4 时，执行完下面一段程序后的 x 的值是（　　　）。

```
if(a<b)1
if(c<d) x=1;2
else2
  if(a<c)3
    if(b<d) x=2;4
    else x=3;4
  else x=6;3
else x=7;1
```

（A）1　　　　　　　　　　　　　　（B）2

（C）3　　　　　　　　　　　　　　（D）6

答案：B

解析：如果 if-else 语句掌握熟练可直接分析程序做题目。否则，先将 if 和 else 配对（题目上程序后面数字即为配对情况）。如果 a<b 成立则执行 x=7；否则，如果 c<d 成立则 x=1；否则，当 a<c 成立 x=6，否则，当 b<d 成立则 x=2，否则 x=3；由题目可见，a<b 不成立，c<d 不成立，而 a<c 成立，因此输出 x=2。

13．已知 int x=10, y=20, z=30;，以下语句执行后 x, y, z 的值是（　　　）。

```
if(x>;y)
z=x;x=y;y=z;
```

（A）x=10,y=20,z=30　　　　　　　（B）x=20,y=30,z=30

（C）x=20,y=30,z=10　　　　　　　（D）x=20,y=30,z=20

答案：B

解析：x=10，y=20 因此 x>y 不成立，语句 z=x；不被执行，继续执行 x=y；y=z 有 x=20，y=30，而 z 的值保持不变。

14. 有如下程序：

```
main( )
{int x=1,a=0,b=0;
switch(x)
{
    case 0: b++;
    case 1: a++;
    case 2: a++;b++;
    }
printf("a=%d,b=%d\n",a,b);
}
```

该程序的输出结果是（　　）。

　　（A）a=2,b=1　　　　　　　　　（B）a=1,b=1

　　（C）a=1,b=0　　　　　　　　　（D）a=2,b=2

答案：A

解析：x=1，执行 a++；先取 a 的值，再将 a=a+1=1，接下来执行 a++，b++ 同样的道理，先执行 a=1 和 b=0，再进行+1 运算，最后 a=a+1=2,b=b+1=1。

15. 以下程序的输出结果是（　　）。

```
main()
{
    int a= -1, b=4, k;
    k=(++a<0)&&!(b--≤0);
    printf("%d%d%d\n", k, a, b);
}
```

　　（A）104　　　　　　　　　　　（B）103

　　（C）003　　　　　　　　　　　（D）004

答案：D

解析：++a 先将 a=a+1，再进行 a 与 0 的比较，显然 0<0 是不成立的，因此 k=0,!（b--≤0）不参与计算，因此 b 的值仍为 4。

16. 若变量 a、i 已正确定义，且 i 已正确赋值，合法的语句是（　　）。

　　（A）a==1　　　　　　　　　　　（B）++i;

　　（C）a=a+=5;　　　　　　　　　　（D）a=int(i);

答案：B

17. 下面程序段的运行结果是（　　）。

```
int n=0;
while(n++≤2);
printf("%d",n);
```

　　（A）2　　　　　　　　　　　　　（B）3

　　（C）4　　　　　　　　　　　　　（D）有语法错

答案：C

解析：while 语句的循环体为空，这里要注意语句后面的分号，断定循环体为空，因此第一次循环 n=0，n≤2 为真，n++，n=1；第二次循环 n=1，n≤2 成立，n++，n=2；第三次循环，n=2，n≤2，n++,n=3；第三次循环，n=3,n≤2 不成立，但是在判断的时候是判断 n++≤2 成立不成立，因此 n++是参与计算的，所以，n=n+1=4。

18. 若有如下语句：

```
int x=3;
do{ printf("%3d",x-=2);} while(!(--x));
```

则上面程序段（   ）。

（A）输出的是 1   （B）输出的是 1 和-2

（C）输出的是 3 和 0   （D）是死循环

答案：B

解析：do-while 循环，先执行后判断，首先输出 x-=2 的值，即 x=x-2=3-2=1。接着判断--x 是否为 0，是则继续执行循环，因为--x 为 0 则!（--x）为 1，那么--x 即先将 x-1 再判断，因此 1-1=0，所以继续循环，输出 x=x-2=0-2=-2，判断--x 的值，--x=-3，因此!（--x）为假循环结束。程序输出了 1 和-2。

19. 下面程序的运行结果是（   ）。

```
include <stdio.h>
main()
{
    int a=1,b=10;
    do
    {b-=a;a++;}
    while(b--<0);
        printf("a=%d,b=%d\n",a,b);
}
```

（A）a=3,b=11   （B）a=2,b=8

（C）a=1,b=-1   （D）a=4,b=9

答案：B

解析：do-while 循环先执行后判断，因此先执行 b=b-a=10-1=9，a=a+1=1+1=2，判断 b--<0 是否成立，b=9<0 不成立，循环结束，b=b-1=8，最后输出 a=2，b=8。

20. 设有程序段：

```
int k=10;
while(k=0) k=k-1;
```

则下面描述中正确的是（   ）。

（A）while 循环执行 10 次

（B）循环是无限循环

（C）循环体语句 1 次也不执行

（D）循环体语句执行 1 次

答案：C

解析：while 语句先判断后执行 k=0 不成立，循环体不被执行。

二、填空题

1. 在 C 语言中，正确的标识符是由_____组成的，且由_____开头的。

2. 设 p=30,那么执行 q=(++p)后,表达式的结果 q 为_____,变量 p 的结果为_____。若 a 为 int 类型，且其值为 3，则执行完表达式 a+=a-=a*a 后，a 的值是_____。

3. 一个变量的指针是指_____。

4. 在 C 语言程序中，对文件进行操作首先要_____；然后对文件进行操作，最后要对文件实行_____操作，防止文件中信息的丢失。

5. 以下程序运行后的输出结果是_____。该程序的功能是_____。

```
main()
{
    int x=10,y=20 ,t=0;
    if(x!=y)
    {
        t=x;
        x=y;
        y=t;
    }
    printf("%d,%d\n",x,y);
}
```

6. 若 fp 已正确定义为一个文件指针，d1.dat 为二进制文件，请填空，以便为"读"而打开此文件：fp=fopen(_____,_____);。

7. 有以下程序，当输入的数值为 2,3,4 时，输出结果为_____ 。

```
main()
{
    int x,y,z;
    printf("please input three number");
    scanf("%d %d %d", &x, &y, &z);;
    sum=xx+y2+z;
    printf("%d %d %d", x, y, z);;
}
```

8. 有以下程序

```
main()
{
    char c;
    while((c=getchar())!='?') putchar( - - c );
}
```

程序运行时，如果从键盘输入:YDG?N?<回车>，则输出结果为_____ 。

9. 在循环中，continue 语句与 break 语句的区别是：continue 语句是_____，break 是_____。

10. 下面程序是计算 10 个整数中奇数的和及其偶数的和，请填空。

```
#include
main()
{
    int a,b,c,i;
    a=c=0;
    for(i=1;i≤10;i++)
    {
```

```
        scanf("%d",&b);canf("%d",&b);
        _____
        _____
        _____
    }
    printf("偶数的和=%d\n",a);
    printf("奇数的和=%d\n",c);
}
```

11. 以下程序运行后的输出结果是_____。

```
main()
{
    char s[ ]="GFEDCBA";
    int p=6;
    while(s[p]!='D')
    {
        printf("%c ", p);
        p=p-1;
    }
}
```

12. 以下程序输出的结果是_____。

```
int ff(int n)
{
    static int f=1;
    f=f*n;
    return f;
}
main()
{
    int i;
    for(i=1;i≤5;i++) printf("%d\n",ff(i));
}
```

13. 设有以下程序:

```
main()
{
    int n1,n2;
    scanf("%d",&n2);
    while(n2!=0)
    {
        n1=n2%10;
        n2=n2/10;
        printf("%d ",n1);
    }
}
```

程序运行后, 如果从键盘上输入 1298;, 则输出结果为_____。

14. 下面程序的功能是: 输出 100 以内 (不包含 100) 能被 3 整除且个位数为 6 的所有整数, 请填空。

```
#Include
main()
{
    int i, j;
    for(i=1; ___ ; i++)
```

```
    if (___)
        printf("%d", j);
}
```

15. 以下程序要求将文本文件 file1.dat 的内容读出来，显示到屏幕上。

```
main()
{
    char ch;
    FILE *fp1;
    fp1=fopen("file1.dat", "r");
    ch=fgetc(fp1);
    while(ch!=EOF)
    {
        printf("%c",ch);
        ch=_____;
    }
    fclose(fp1);
}
```

参 考 答 案

一、选择题

参见题后解析

二、填空题

1. 字母、数字、下划线;字母、下划线

2. 4，4，-12

3. 该变量的地址

4. 打开;关闭

5. 20，10 变量的交换

6. "d1.dat"，"rb"

7. sum of number is :14

8. XCF

9. 结束本次循环，进入下一次循环;结束循环

10. if (b%2==0); a=a+b; else c=c+b

11. A B C

12. 1 2 6 24 120

13. 8 9 2 1

14. i<100 if(i%3==0 && i%10==6)

15. fgetc(fp1)

C 语言模拟测试题（二）

1. 一个 C 程序的执行是从（　　）。

   （A）本程序的 main 函数开始，到 main 函数结束

   （B）本程序文件的第一个函数开始，到本程序文件的最后一函数结束

   （C）本程序的 main 函数开始，到本程序文件的最后一个函数结束

   （D）本程序文件的第一个函数开始，到本程序 main 函数结束

答案：A

2. C 语言规定，在一个源程序中，main 函数的位置（　　）。

   （A）必须在最开始

   （B）必须在系统调用的库函数的后面

   （C）可以任意

   （D）必须在最后

答案：C

3. 算法的表示方法有（　　）。

   （A）自然语言，传统流程图，N-S 流程图，伪代码，计算机语言

   （B）高级语言，汇编语言，机器语言

   （C）C 语言，QBASIC 语言，InterDev

   （D）图形图像法，描述法，编程法

   （E）计算机语言

答案：A

4. 以下选项中，不属于 C 语言类型的是（　　）。

   （A）signed short int

   （B）unsigned long int

   （C）unsigned int

   （D）long short

答案：D

5. 在 C 语言中，合法的字符常量是（　　）。

   （A）'\084'　　　　　　　　　（B）'\x43'

   （C）'ab'　　　　　　　　　　（D）"\0"

答案：B

6. C语言提供的合法的数据类型关键字是（　　　）。

（A）Double　　　　　　　　　（B）short

（C）integer　　　　　　　　　（D）Char

答案：B

7. 下列标识中合法的用户标识符为（　　　）。

（A）year　　　　　　　　　　（B）long

（C）7 x yz　　　　　　　　　　（D）struct

答案：A

8. 若有说明语句：char c='\72';，则变量 c（　　　）。

（A）包含 1 个字符　　　　　　（B）包含 2 个字符

（C）包含 3 个字符　　　　　　（D）说明不合法，c 的值不确定

答案：A

9. C语言提供的合法的关键字是（　　　）。

（A）swicth　　　　　　　　　（B）cher

（C）Case　　　　　　　　　　（D）default

答案：D

10. 若有定义 int a=8，b=5，C;，执行语句 C=a/b+0.4;后，c 的值为（　　　）。

（A）1.4　　　　　　　　　　　（B）1

（C）2.0　　　　　　　　　　　（D）2

答案：B

11. 设 x、y、t 均为 int 型变量，则执行语句 x=y=3;t=++x||++y;后，y 的值为（　　　）。

（A）不定值　　　　　　　　　（B）4

（C）3　　　　　　　　　　　　（D）1

答案：C

12. 以下程序的输出结果是（　　　）。

```
main( )
{
    int a=-1,b=4,k;
    k=(++a<0)&&!(b--≤0);
    printf("%d%d%d\n",k,a,b);
}
```

（A）1 0 4　　　　　　　　　　（B）1 0 3

（C）0 0 3　　　　　　　　　　（D）0 0 4

答案：D

13. 已知 char a; int b; float c; double d;，则表达式 2+a+9*b*5*c−5*d 的结果是（　　　）。

（A）double　　　　　　　　　（B）int

（C）float　　　　　　　　　　（D）char

答案：A

14. 以下运算符中优先级最低的是（   ）。
    （A）&&
    （B）&
    （C）||
    （D）|
答案：C

15. 设正 x、y 均为整型变量，且 x=10，y=3，则以下语句的输出结果是（   ）。
```
printf("%d,%d\n",x--,--y);
```
    （A）10,3
    （B）9,3
    （C）9,2
    （D）10,2
答案：D

16. 以下程序的输出结果是（   ）。
```
main()
{
    int x=10 ,y=10;
    printf("%d%d\n",x--,--y);
}
```
    （A）10, 10
    （B）9, 9
    （C）9, 10
    （D）10, 9
答案：D

17. 已知 x=43,ch='A',y=0；则表达式(x >;; = y&&ch < 'B'&&!y)的值是（   ）。
    （A）0
    （B）语法错
    （C）1
    （D）"假"
答案：C

18. 表示关系 X≤Y≤Z 的 C 语言表达式为（   ）。
    （A）(X≤Y)&&(Y≤Z)
    （B）(X≤Y)AND(Y≤Z)
    （C）(X≤Y≤Z)
    （D）(X≤Y)&(Y≤Z)
答案：A

19. 在 C 语言中，逻辑值"真"用（）表示。
    （A）TRUE
    （B）大于 0 的数
    （C）非 0 的整数
    （D）非 0 的数
答案：D

20. 以下程序输出结果是（   ）。
```
main (   )
{
    int m=5;
    if (m++ >; 5)
        printf ("%d\n",m);
    else
        printf ("%d\n",m--);
}
```

（A）7　　　　　　　　　　　　（B）6

（C）5　　　　　　　　　　　　（D）4

答案：B

21. 以下程序的输出结果是（　　　）。

```
main()
{
    int   a= -1, b=1;
    if((++a < 0)&& ! (b--≤0))
        printf("%d  %d\n", a, b);
    else
        printf("%d  %d\n", b, a);
}
```

（A）-1 1　　　　　　　　　　（B）0 1

（C）1 0　　　　　　　　　　　（D）0 0

答案：C

22. 请读程序：

```
main()
{
    int x=1,y=0,a=0,b=0;
    switch(x)
    {
        case 1:
        switch(y)
        {
            case 0: a++;break;
            case 1: b++;break;
        }
        case 2:
        a++;b++;break;
    }
    printf("a=%d,b=%d\n",a,b);
}
```

上面程序输出结果是（　　　）。

（A）a=2,b=1　　　　　　　　（B）a=1,b=1

（C）a=1,b=0　　　　　　　　（D）a=2,b=0

答案：A

23. 请阅读以下程序，程序的输出结果是（　　　）。

```
include<stdio.h>
main()
{
    float x, y;
    scanf("%f", & x);
    if(x<0.0)y=0.0;
        else if((x<5.0)&(x!=2.0))
```

```
        y=1.0/(x+2.0);
    else if(x<10.0)  y=1.0/x;
  else y=10.0;
  printf("%f\n", y);
}
```

在运行时，从键盘上输入 2.0<CR>（<CR>表示"回车键"）。

（A）0.000000 　　　　　　　　（B）0.250000

（C）0.500000 　　　　　　　　（D）1.000000

答案：C

24. 设有程序段

```
int k=10;
while(k=0)  k=k-1;
```

则下面描述中正确的是（　　　）。

（A）while 循环执行 10 次 　　　（B）循环是无限循环

（C）循环体语句一次也不执行 　　（D）循环体语句执行一次

答案：C

25. 执行语句 for(i=1;i++<4;);后，变量 i 的值是（　　　）。

（A）3 　　　　　　　　　　　　（B）4

（C）5 　　　　　　　　　　　　（D）不定

答案：C

26. 下面程序段的运行结果是（　　　）。

```
a=1;b=2;c=2;
while(a < b < c)
{
    t=a;a=b;b=t;c--;
}
printf("%d,%d,%d",a,b,c);
```

（A）1,2,0 　　　　　　　　　　（B）2,1,0

（C）1,2,1 　　　　　　　　　　（D）2,1,1

答案：A

27. 以下程序的输出结果是（　　　）。

```
main()
{
    int i, a[10];
    for(i=9;i>=0;i--)
        a[i]=10-i;
    printf("%d%d%d",a[2],a[5],a[8]);
}
```

（A）258 　　　　　　　　　　　（B）741

（C）852 　　　　　　　　　　　（D）369

答案：C

28. 以下程序的输出结果是（　　　）。

```
#include<stdio.h>
main()
{
    int k, j, m;
    for(k=5; k>=1; k--)
    {
        m=0;
        for(j=k; j≤5; j++)
            m=m+k*j;
    }
    printf("%d\n", m);
}
```

（A）124　　　　　　　　　　（B）25

（C）36　　　　　　　　　　　（D）15

答案：D

29. 若二维数组 a 有 m 列，则在 a[i][j]之前的元素个数为（　　　）。

（A）j*m+i　　　　　　　　　（B）i*m+j

（C）i*m+j−1　　　　　　　　（D）i*m+j+1

答案：B

30. 下列程序的输出结果是（　　　）。

```
main()
{
    static int s[][3]={{1,2,3},{4,5,6}};
    int t;
    t=(s[0][0], s[1][1],s[0][1]+s[1][2]);
    printf("%d \n",t);
}
```

（A）5　　　　　　　　　　　（B）6

（C）7　　　　　　　　　　　（D）8

答案：D

31. 设有数组定义：char array[]= "China";，则数组 array 所占的空间为（　　　）。

（A）4 个字节　　　　　　　　（B）5 个字节

（C）6 个字节　　　　　　　　（D）7 个字节

答案：C

32. 以下程序的输出结果是（　　　）。

```
define    f(x)    x*x
main (    )
{
    int   a=6, b=2, c;
    c=f(a) / f(b);
```

```
    printf("%d \n", c);
}
```

　（A）9　　　　　　　　　　　　（B）6
　（C）36　　　　　　　　　　　　（D）18
答案：C

33. 以下程序的输出结果是（　　　）。

```
main( )
{
    char ch[3][4]={"123", "456", "78"}, *p[3];  int i;
    for(i=0; i<3; i++) p[i]=ch[i];
    for(i=0; i<3; i++) printf("%s", p[i]);
}
```

　（A）123456780　　　　　　　　（B）123 456 780
　（C）12345678　　　　　　　　　（D）147
答案：C

34. 整型变量 x 和 y 的值相等且为非 0 值，则以下选项中，结果为零的表达式是（　　　）。

　（A）x ‖ y　　　　　　　　　　（B）x | y
　（C）x & y　　　　　　　　　　（D）x ^ y
答案：D

35. 以下选项中，只有在使用时才为该类型变量分配内存的存储类说明是（　　　）。

　（A）auto 和 static　　　　　　（B）auto 和 register
　（C）register 和 static　　　　（D）extern 和 register
答案：C

36. 下述程序的输出结果是（　　　）。

```
#include<stdio. h>;
long fun(int n)
{
    long s;
    if(n==1||n==2)
        s=2;
    else
        s=n+fun(n-1);
    retum s;
    }
main()
{
    printf("\n%ld", fun(4));
}
```

　（A）7　　　　　　　　　　　　（B）8

（C）9   （D）10

答案：C

37. 设有以下函数：

```
f( int a)
    {int b=0;
    static int c=3;
    b++; c++;
    return(a+b+c);
}
```

如果在下面的程序中调用该函数，则输出结果是（   ）。

```
main()
    {int a=2, i;
    for(i=0;i<3;i++) printf("%d\n", f(a));
}
```

（A）7   （B）7
      8   9
      9   11
（C）7   （D）7
      10   7

答案：A

38. 有如下函数调用语句：

func(rec1, rec2+rec3, (rec4, rec5));

在该函数调用语句中，含有的实参个数是（   ）。

（A）3   （B）4
（C）5   （D）有语法错

答案：A

39. 在 C 语言中，变量的隐含存储类别是（   ）。

（A）auto   （B）static
（C）extern   （D）无存储类别

答案：A

40. 在下列的函数调用中，不正确的是（   ）。

（A）max(a,b);   （B）max(3,a+b);
（C）max(3,5);   （D）int max(a,b);

答案：D

二、填空题

（1）有序线性表能进行二分查找的前提是该线性表必须是_____存储的。

（2）一棵二叉树的中序遍历结果为 DBEAFC，前序遍历结果为 ABDECF，则后序遍历结果为_____。

（3）对软件设计的最小单位（模块或程序单元）进行的测试通常称为_____测试。

（4）实体完整性约束要求关系数据库中元组的 _____属性值不能为空。

（5）在关系 A(S,SN,D) 和关系 B(D,CN,NM) 中，A 的主关键字是 S，B 的主关键字是 D，则称_____是关系 A 的外码。

（6）以下程序运行后的输出结果是_____。

```c
#include<stdio.h>
main()
{
    int a;
    a=(int)((double)(3/2)+0.5+(int)1.99*2);
    printf("%d\n",a);
}
```

（7）有以下程序

```c
#include<stdio.h>
main()
{
    int x;
    scanf("%d",&x);
    if(x>15) printf("%d",x-5);
    if(x>10) printf("%d",x);
    if(x>5) printf("%d\n",x+5);
}
```

若程序运行时从键盘输入 12<回车>，则输出结果为_____。

（8）有以下程序（说明：字符 0 的 ASCII 码值为 48）

```c
#include<stdio.h>
main()
{
    char c1,c2;
    scanf("%d",&c1);
    c2=c1+9;
    printf("%c%c\n",c1,c2);
}
```

若程序运行时从键盘输入 48<回车>，则输出结果为_____。

（9）有以下函数

```c
void prt(char ch,int n)
{   int i;
    for(i=1;i≤n;i++)
    printf(i%6!=0?"%c":"%c\n",ch);
}
```

执行调用语句 prt('*'24); 后，函数共输出了_____行*号。

（10）以下程序运行后的输出结果是_____。

```c
include
main()
{ int x=10,y=20,t=0;
if(x==y)t=x;x=y;y=t;
printf("%d %d\n",x,y);
}
```

（11）编程实现求解下面的式子并输出结果。

s=1*2+2*3+3*4+…+20*21

```
main()
{
int m,n,sum=0;
for (m=1;m≤20;m++)
sum=_____;
printf("%s",sum);
}
```

（12）有以下程序，请在_____处填写正确语句，使程序可正常编译运行。

```
#include<stdio.h>
_____;
main()
{ double x,y,(*p)();
scanf("%lf%lf",&x,&y);
p=avg;
printf("%f\n",(*p)(x,y));
}
double avg(double a,double b)
{ return((a+b)/2);}
```

（13）以下程序运行后的输出结果是_____。

```
#include<stdio.h>
main()
{   int i,n[5]={0};
    for(i=1;i≤4;i++)
    { n[i]==n[i-1]*2+1; printf("%d",n[i]); }
    printf("\n");
}
```

（14）以下程序运行后的输出结果是_____。

```
#include<stdio.h>
main()
{   char *p; int i;
    p=(char*)malloc(sizeof(char)*20);
    strcpy(p,"welcome");
    for(i=6;i>=0;i--) putchar(*(p+i));
    printf("\n-"); free(p);
}
```

（15）以下程序运行后的输出结果是_____。

```
#include<stdio.h>
main()
{   FILE *fp; int x[6]={1,2,3,4,5,6},i;
    fp=fopen("test.dat","wb");
    fwrite(x,sizeof(int),3,fp);
    rewind(fp);
    fread(x,sizeof(int),3,fp);
    for(i=0;i<6;i++) printf("%d",x[i]);
```

```
        printf("\n");
        fclose(fp);
}
```

参 考 答 案

一、选择题

参见题后解析

二、填空题

1. 顺序

2. DEBFCA

3. 单元测试

4. 主键

5. 0

6. 3

7. 1217

8. 09

9. 4

10. 20   0

11. sum+m*(m+1)

12. double   avg（double a, double b）

13. 13175

14. emoclew

15. 123456

全国计算机
二级 C 语言考试笔试模拟题

一、选择题

在下列各题的（A）、（B）、（C）、（D）四个选项中，只有一个选项是正确的，请将正确的选项涂写在答题卡相应位置上，答在试卷上不得分。

（1）为了避免流程图在描述程序逻辑时的灵活性，提出了用方框图来代替传统的程序流程图，通常也把这种图称为（　　）。

（A）PAD 图 　　　　　　　　　　（B）N-S 图

（C）结构图 　　　　　　　　　　（D）数据流图

（2）结构化程序设计主要强调的是（　　）。

（A）程序的规模

（B）程序的效率

（C）程序设计语言的先进性

（D）程序易读性

（3）为了使模块尽可能独立，要求（　　）。

（A）模块的内聚程度要尽量高，且各模块间的耦合程度要尽量强

（B）模块的内聚程度要尽量高，且各模块间的耦合程度要尽量弱

（C）模块的内聚程度要尽量低，且各模块间的耦合程度要尽量弱

（D）模块的内聚程度要尽量低，且各模块间的耦合程度要尽量强

（4）需求分析阶段的任务是确定（　　）。

（A）软件开发方法 　　　　　　　（B）软件开发工具

（C）软件开发费用 　　　　　　　（D）软件系统功能

（5）算法的有穷性是指（　　）。

（A）算法程序的运行时间是有限的

（B）算法程序所处理的数据量是有限的

（C）算法程序的长度是有限的

（D）算法只能被有限的用户使用

（6）对长度为 n 的线性表排序，在最坏情况下，比较次数不是 n(n−1)/2 的排序方法是（　　）。

  （A）快速排序   （B）冒泡排序

  （C）直接插入排序   （D）堆排序

（7）如果进栈序列为 e1，e2，e3，e4，则可能的出栈序列是（   ）。

  （A）e3,e1,e4,e2   （B）e2,e4,e3,e1

  （C）e3,e4,e1,e2   （D）任意顺序

（8）将 E-R 图转换到关系模式时，实体与联系都可以表示成（   ）。

  （A）属性   （B）关系   （C）键   （D）域

（9）有三个关系 R、S 和 T 如下：

```
R
B  C  D
a  0  k1
b  1  n1
S
B  C  D
f  3  h2
a  0  k1
n  2  x1
T
B  C  D
a  0  k1
```

由关系 R 和 S 通过运算得到关系 T，则所使用的运算为（   ）。

  （A）并   （B）自然连接

  （C）笛卡尔积   （D）交

（10）下列有关数据库的描述，正确的是（   ）。

  （A）数据处理是将信息转化为数据的过程

  （B）数据的物理独立性是指当数据的逻辑结构改变时，数据的存储结构不变

  （C）关系中的每一列称为元组，一个元组就是一个字段

  （D）如果一个关系中的属性或属性组并非该关系的关键字，但它是另一个关系的关键字，则称其为本关系的外关键字

（11）以下叙述中正确的是（   ）。

  （A）用 C 程序实现的算法必须要有输入和输出操作

  （B）用 C 程序实现的算法可以没有输出但必须要有输入

  （C）用 C 程序实现的算法可以没有输入但必须要有输出

  （D）用 C 程序实现的算法可以既没有输入也没有输出

（12）下列可用于 C 语言用户标识符的一组是（   ）。

  （A）void, define, WORD   （B）a3_3,_123,Car

  （C）For, -abc, IF Case   （D）2a, DO, sizeof

（13）以下选项中，可作为 C 语言合法常量的是（   ）。

  （A）-80   （B）-080

  （C）-8e1.0   （D）-80.0e

（14）若有语句:char *line[5];，以下叙述中正确的是（　　　）。

　（A）定义 line 是一个数组，每个数组元素是一个基类型为 char 的指针变量

　（B）定义 line 是一个指针变量，该变量可以指向一个长度为 5 的字符型数组

　（C）定义 line 是一个指针数组，语句中的*号称为间址运算符

　（D）定义 line 是一个指向字符型函数的指针

（15）以下定义语句中正确的是（　　　）。

　（A）int　a=b=0;

　（B）char　A=65+1,b='b';

　（C）float　a=1,b=&a,c=&b;

　（D）double　a=0　0;b=1.1;

（16）有以下程序段

```
char ch;    int  k;
ch='a';
k=12;
printf("%c,%d,",ch,ch,k);    printf("k=%d \n",k);
```

已知字符 a 的 ASCII 码值为 97，则执行上述程序段后输出结果是（　　　）。

　（A）因变量类型与格式描述符的类型不匹配输出无定值

　（B）输出项与格式描述符个数不符，输出为零值或不定值

　（C）a, 97, 12k=12

　（D）a, 97, k=12

（17）有以下程序

```
main()
{   int  i,s=1;
    for (i=1;i<50;i++)
    if(!(i%5)&&!(i%3))  s+=i;
    printf("%d\n",s);}
```

程序的输出结果是（　　　）。

　（A）409　　　　　　　　　　　　（B）277

　（C）1　　　　　　　　　　　　　（D）91

（18）当变量 c 的值不为 2、4、6 时，值也为"真"的表达式是（　　　）。

　（A）(c==2)||(c==4)||(c==6)

　（B）(c>;;=2&& c≤6)||(c!=3)||(c!=5)

　（C）(c>;;=2&&c≤6)&&!(c%2)

　（D）(c>;;=2&& c≤6)&&(c%2!=1)

（19）若变量已正确定义，有以下程序段

```
int  a=3,b=5,c=7;
if(a>;b) a=b;  c=a;
if(c!=a) c=b;
printf("%d,%d,%d\n",a,b,c);
```

其输出结果是（　　　）。

（A）程序段有语法错 　　　　　（B）3,5,3

（C）3,5,5 　　　　　　　　　　（D）3,5,7

（20）有以下程序

```
#include<stdio. h>
main()
{ int x=1,y=0,a=0,b=0;
  switch(x)
  { case 1:
    switch(y)
  { case 0:a++; break;
    case 1:b++; break;
  }
  case 2:a++; b++; break;
  case 3:a++; b++;
  }
  printf("a=%d,b=%d\n",a,b);
}
```

程序的运行结果是（　　　）。

（A）a=1,b=0 　　　　　　　　（B）a=2,b=2

（C）a=1,b=1 　　　　　　　　（D）a=2,b=1

（21）下列程序的输出结果是（　　　）。

```
#include"stdio. h"
main()
{ int i,a=0,b=0;
  for(i=1;i<10;i++)
  { if(i%2==0)
     {a++;
     continue;}
  b++;}
  printf("a=%d,b=%d",a,b); }
```

（A）a=4,b=4 　　　　　　　　（B）a=4,b=5

（C）a=5,b=4 　　　　　　　　（D）a=5,b=5

（22）已知

```
#int t=0;
while (t=1)
{...}
```

则以下叙述正确的是（　　　）。

（A）循环控制表达式的值为 0

（B）循环控制表达式的值为 1

（C）循环控制表达式不合法

（D）以上说法都不对

（23）下面程序的输出结果是（　　　）。

```
main()
{ int a[10]={1,2,3,4,5,6,7,8,9,10},*p=a;
printf("%d\n",*(p+2));}
```

（A）3　　　　　　　　　　　　　（B）4

（C）1　　　　　　　　　　　　　（D）2

（24）以下错误的定义语句是（　　　）。

（A）int　x[][3]={{0},{1},{1,2,3}};

（B）int　x[4][3]={{1,2,3},{1,2,3},{1,2,3},{1,2,3}};

（C）int　x[4][]={{1,2,3},{1,2,3},{1,2,3},{1,2,3}};

（D）int　x[][3]={1,2,3,4};

（25）有以下程序

```
void ss(char *s,char t)
{ while(*s)
{ if(*s==t)*s=t-'a'+'A';
s++; } }
main()
{ char str1[100]="abcddfefdbd",c='d';
ss(str1,c); printf("%s\n",str1);}
```

程序运行后的输出结果是（　　　）。

（A）ABCDDEFEDBD　　　　　　　（B）abcDDfefDbD

（C）abcAAfefAbA　　　　　　　　（D）Abcddfefdbd

（26）有如下程序

```
main()
{ char ch[2][5]={"6937","8254"},*p[2];
  int i,j,s=0;
  for(i=0;i<2;i++)p[i]=ch[i];
  for(i=0;i<2;i++)
  for(j=0;p[i][j]>'\0';j+=2)
  s=10*s+p[i][j]-'0';
  printf("%d\n",s);}
```

该程序的输出结果是（　　　）。

（A）69825　　　　　　　　　　　（B）63825

（C）6385　　　　　　　　　　　　（D）693825

（27）有定义语句:char　s[10];,若要从终端给 s 输入 5 个字符,错误的输入语句是(　　　)。

（A）gets(&s[0]);　　　　　　　　（B）scanf("%s",s+1);

（C）gets(s);　　　　　　　　　　（D）scanf("%s",s[1]);

（28）以下叙述中错误的是（　　　）。

（A）在程序中凡是以"#"开始的语句行都是预处理命令行

（B）预处理命令行的最后不能以分号表示结束

（C）#define　MAX　是合法的宏定义命令行

（D）C 程序对预处理命令行的处理是在程序执行的过程中进行的

（29）设有以下说明语句

```
typedef struct
{ int n;
   char ch[8];
} PER;
```

则下面叙述中正确的是（　　　）。

（A）PER 是结构体变量名　　　　　（B）PER 是结构体类型名

（C）typedef struct 是结构体类型　　（D）struct 是结构体类型名

（30）以下叙述中错误的是（　　　）。

（A）gets 函数用于从终端读入字符串

（B）getchar 函数用于从磁盘文件读入字符

（C）fputs 函数用于把字符串输出到文件

（D）fwrite 函数用于以二进制形式输出数据到文件

（31）以下能正确定义一维数组的选项是（　　　）。

（A）int a[5]={0,1,2,3,4,5};　　　　（B）char a[]={'0','1','2','3','4','5','\0'};

（C）char a={'A','B','C'};　　　　　（D）int a[5]="0123";

（32）有以下程序

```
#include<string.h>
main()
{ char p[]={'a', 'b', 'c'},q[10]={ 'a', 'b', 'c'};
printf("%d%d\n",strlen(p),strlen(q));}
```

以下叙述中正确的是（　　　）。

（A）在给 p 和 q 数组置初值时，系统会自动添加字符串结束符,故输出的长度都为 3

（B）由于 p 数组中没有字符串结束符，长度不能确定,但 q 数组中字符串长度为 3

（C）由于 q 数组中没有字符串结束符，长度不能确定,但 p 数组中字符串长度为 3

（D）由于 p 和 q 数组中都没有字符串结束符，故长度都不能确定

（33）有以下程序

```
#include <stdio.h>
#include <string.h>
void fun(char *s[],int n)
{ char *t;        int i,j;
for(i=0;i<n-1;i++)
for(j=i+1;j<n;j++)
if(strlen(s[i])>;strlen(s[j]))  {t=s[i];s[i]:s[j];s[j]=t;}
}
main()
{ char *ss[]={"bcc","bbcc","xy","aaaacc","aabcc"};
fun(ss,5);     printf("%s,%s\n",ss[0],ss[4]);
}
```

程序的运行结果是（　　　）。

（A）xy,aaaacc　　　　　　　　　　（B）aaaacc,xy

（C）bcc,aabcc　　　　　　　　　（D）aabcc,bcc

（34）有以下程序

```
#include <stdio.h>
int f(int x)
{ int y;
if(x==0||x==1) return(3);
y=x*x-f(x-2);
return y;
}
main()
{ int z;
z=f(3);    printf("%d\n",z);
}
```

程序的运行结果是（　　　）。

　　（A）0　　　　　　　　　　　　（B）9

　　（C）6　　　　　　　　　　　　（D）8

（35）下面程序段的运行结果是（　　　）。

```
char str[]="ABC",*p=str;
printf("%d\n",*(p+3));
```

　　（A）67　　　　　　　　　　　（B）0

　　（C）字符'C'的地址　　　　　　（D）字符'C'

（36）若有以下定义：

```
struct link
{ int data;
struct link *next;
} a,b,c,*p,*q;
```

变量 a 和 b 如下所示。

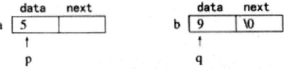

指针 p 指向变量 a，q 指向变量 c。则能够把 c 插入到 a 和 b 之间并形成新的链表的语句组是（　　　）。

　　（A）a.next=c; c.next=b;

　　（B）p.next=q; q.next=p.next;

　　（C）p->next=&c; q->next=p->next;

　　（D）(*p).next=q; (*q).next=&b;

（37）对于下述程序，在方式串分别采用"wt"和"wb"运行时，两次生成的文件 TEST 的长度分别是（　　　）。

```
Include<stdio.h>
void main()
{ FILE *fp=fopen("TEST",);
fputc('A',fp);fputc('\n',fp);
```

```
fputc('B',fp);fputc('\n',fp);
fputc('C',fp);
fclose(fp); }
```

（A）7字节、7字节　　　　　　　（B）7字节、5字节

（C）5字节、7字节　　　　　　　（D）5字节、5字节

（38）变量 a 中的数据用二进制表示的形式是 01011101，变量 b 中的数据用二进制表示的形式是 11110000。若要求将 a 的高 4 位取反，低 4 位不变，所要执行的运算是（　　　）。

（A）a^b　　　　　　　　　　　（B）a|b

（C）a&b　　　　　　　　　　　（D）a<<4

（39）下面的程序段运行后，输出结果是（　　　）。

```
int i,j,x=0;
static int a[8][8];
for(i=0;i<3;i++)
for(j=0;j<3;j++)
a[i][j]=2*i+j;
for(i=0;i<8;i++)
x+=a[i][j];
printf("%d",x);
```

（A）9　　　　　　　　　　　　（B）不确定值

（C）0　　　　　　　　　　　　（D）18

（40）下列程序执行后的输出结果是（　　　）。

```
void func(int *a,int b[])
{ b[0]=*a+6; }
main()
{ int a,b[5];
a=0; b[0]=3;
func(&a,b); printf("%d\n",b[0]);}
```

（A）6　　　　　　　　　　　　（B）7

（C）8　　　　　　　　　　　　（D）9

二、填空题

请将每一个空的正确答案写在答题卡序号的横线上，答在试卷上不给分。

（1）测试的目的是暴露错误，评价程序的可靠性；而_____的目的是发现错误的位置并改正错误。

（2）某二叉树中度为 2 的结点有 18 个，则该二叉树中有_____个叶子结点。

（3）当循环队列非空且队尾指针等于队头指针时，说明循环队列已满，不能进行入队运算。这种情况称为_____。

（4）在关系模型中，把数据看成一个二维表，每一个二维表称为一个_____。

（5）在计算机软件系统的体系结构中，数据库管理系统位于用户和_____之间。

（6）以下程序的输出结果是_____。

```
main()
{ char c='z';
printf("%c",c-25); }
```

（7）阅读下面语句，则程序的执行结果是 _____。

```
include "stdio.h"
main()
{    int a=-1,b=1,k;
if((++a<0)&&!(b--≤0))
printf("%d,%d\",a,b);
else printf("%d,%d\n",b,a);}
```

（8）下列程序的输出结果是_____。

```
main()
{ int i;
for(i=1;i+1;i++)
{ if(i>4)
{ printf("%d\n",i);
break; }
printf("%d\n",i++);}}
```

（9）以下程序的定义语句中，x[1]的初值是_____，程序运行后输出的内容是_____。

```
include <stdio.h>
main()
{ int x[]={1,2,3,4,5,6,7,8,9,10,11,12,13,14,15,16}, *p[4],i;
    for(i=0;i<4;i++)
    { p[i]=&x[2*i+1];
        printf("%d",p[i][0]);
    }
    printf("\n");)
}
```

（10）以下程序的输出结果是_____。

```
include <stdio.h>
void swap(int   *a,  int   *b)
{ int   *t;
t=a;  a=b;  b=t;
}
main()
{ int  i=3,j=5,*p=&i,*q=&j;
swap(p,q);    printf("%d  %d\N",*p,*q))
}
```

（11）以下程序的输出结果是_____。

```
main()
{ char s[]="ABCD", *p;
for(p=s+1; p<s+4; p++)printf ("%s\n",p);}
```

（12）以下程序的输出结果是_____。

```
float fun(int x,int y)
{  return(x+y);}
main()
{ int a=2,b=5,c=8;
printf("%3.0f\n",fun((int)fun(a+c,b),a-c));}
```

（13）有如下图所示的双链表结构，请根据图示完成结构体的定义：

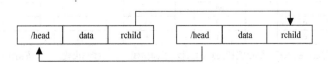

```
lhead   data   rchild
struct aa
{
int data;

_____
}node;
```

（14）fseek 函数的正确调用形式是_____。

参 考 答 案

一、选择题

（1）B【解析】N-S 图是由 Nassi 和 Shneiderman 提出的一种符合程序化结构设计原则的图形描述工具。它的提出是为了避免流程图在描述程序逻辑时的随意性及灵活性。

（2）D【解析】结构化程序设计方法的主要原则可以概括为自顶向下、逐步求精、模块化及限制使用 goto 语句，总的来说可使程序结构良好、易读、易理解、易维护。

（3）B【解析】模块的独立程度可以由两个定性标准度量：耦合性和内聚性。耦合性是衡量不同模块彼此间互相依赖（连接）的紧密程度；内聚性是衡量一个模块内部各个元素彼此结合的紧密程度。一般来说，要求模块之间的耦合尽可能地低，而内聚性尽可能地高。

（4）D【解析】需求分析是软件定义时期的最后一个阶段，它的基本任务就是详细调查现实世界要处理的对象（组织、部门、企业等），充分了解原系统的工作概况，明确用户的各种需求，然后在此基础上确定新系统的功能。选项 A 软件开发方法是在总体设计阶段需完成的任务；选项 B 软件开发工具是在实现阶段需完成的任务；选项 C 软件开发费用是在可行性研究阶段需完成的任务。

（5）A【解析】算法具有 5 个特性:①有穷性表示一个算法必须对任何合法的输入值在执行有穷步之后结束，且每一步都可在有限时间内完成，即运行时间是有限的；②确定性表示算法中每一条指令必须有确切的含义，读者理解时不会产生歧义；③可行性表示一个算法是可行的，即算法中描述的操作都是可以通过已经实现的基本运算执行有限次来实现；④输入表示一个算法有零个或多个输入，这些输入取自于某个特定的对象的集合；⑤输出表示一个算法有一个或多个输出。

（6）D【解析】在最坏情况下，快速排序、冒泡排序和直接插入排序需要的比较次数都为 n(n-1)/2，堆排序需要的比较次数为 $nlog_2n$。

（7）B【解析】由栈"后进先出"的特点可知:A 中 e1 不可能比 e2 先出，C 中 e1 不可能比 e2 先出，D 中栈是先进后出的，所以不可能是任意顺序。B 中出栈过程如下图所示：

①e1、e2入栈 ②e2 出栈，e3、e4入栈 ③e4 出栈   ④e3 出栈   ⑤e1 出栈

（8）B【解析】关系数据库逻辑设计的主要工作是将 E-R 图转换成指定 RDBMS 中的关系模式。首先，从 E-R 图到关系模式的转换是比较直接的，实体与联系都可以表示成关系，E-R 图中属性也可以转换成关系的属性，实体集也可以转换成关系。

（9）D【解析】在关系运算中，交的定义如下：设 R1 和 R2 为参加运算的两个关系，它们具有相同的度 n，且相对应的属性值取自同一个域，则 R1、R2 为交运算，结果仍为度等于 n 的关系，其中，交运算的结果既属于 R1，又属于 R2。

（10）D【解析】数据处理是指将数据转换成信息的过程，故选项 A 叙述错误；数据的物理独立性是指数据的物理结构的改变不会影响数据库的逻辑结构，故选项 B 叙述错误；关系中的行称为元组，对应存储文件中的记录，关系中的列称为属性，对应存储文件中的字段，故选项 C 叙述错误。

（11）C【解析】算法具有的 5 个特性是：有穷性、确定性、可行性、有 0 个或多个输入、有一个或多个输出。所以说，用 C 程序实现的算法可以没有输入但必须要有输出。

（12）B【解析】 C 语言规定标识符只能由字母、数字和下划线 3 种字符组成，且第一个字符必须为字母或下划线，排除选项 C 和 D；C 语言中还规定标识符不能为 C 语言的关键字，而选项 A 中 void 为关键字，故排除选项 A。

（13）A【解析】选项 B 中，以 0 开头表示是一个八进制数，而八进制数的取值范围是 0～7，所以-080 是不合法的；选项 C 和 D 中，e 后面的指数必须是整数，所以也不合法。

（14）A【解析】 C 语言中[ ]比*优先级高，因此 line 先与[5]结合，形成 line[5]形式，这是数组形式，它有 5 个元素，然后再与 line 前面的"*"结合，表示此数组是一个指针数组，每个数组元素都是一个基类型为 char 的指针变量。

（15）B【解析】本题考查变量的定义方法。如果要一次进行多个变量的定义，则在它们之间要用逗号隔开，因此选项 A 和 D 错误。在选项 C 中，变量 c 是一个浮点型指针，它只能指向一个浮点型数据，不能指向指针变量 b，故选项 C 错误。

（16）D【解析】输出格式控制符%c 表示将变量以字符的形式输出；输出格式控制符%d 表示将变量以带符号的十进制整型数输出，所以第一个输出语句输出的结果为 a，97；第二个输出语句输出的结果为 k=12。

（17）D【解析】本题是计算 50 之内的自然数相加之和，题中 if 语句括号中的条件表达式!(i%5)&&!(i%3)表明只有能同时被 5 和 3 整除的数才符合相加的条件，1～ 49 之间满足这个条件的只有 15、30 和 45，因为 s 的初始值为 1，所以 s=1+15+30+45=91。

（18）B【解析】满足表达式(c>;;=2&&c≤6)的整型变量 c 的值是 2，3，4，5，6。当变量 c 的值不为 2，4，6 时，其值只能为 3 或 5，所以表达式 c!=3 和 c!=5 中至少有一个为真，即不论 c 为何值，选项 B 中的表达式都为"真"。

（19）B【解析】两个 if 语句的判断条件都不满足，程序只执行了 c=a 这条语句，所以变量 c 的值等于 3，变量 b 的值没能变化，程序输出的结果为 3，5，3。所以正确答案为 B。

（20）D【解析】本题考查 switch 语句，首先 x=1 符合条件 case 1，执行 switch(y)语句，y=0 符合 case 0 语句，执行 a++并跳出 switch(y)语句，此时 a=1。因为 case 1 语句后面没有 break 语句，所以向后执行 case 2 语句，执行 a++，b++，然后跳出 switch(x)，得 a=2，b=1。

（21）B【解析】continue 语句的作用是跳过本次循环体中余下尚未执行的语句，接着再一次进行循环条件的判定。当能被 2 整除时，a 就会增 1，之后执行 continue 语句，直接执行到 for 循环体的结尾，进行 i++，判断循环条件。

（22）B【解析】t=1 是将 t 赋值为 1，所以循环控制表达式的值为 1。判断 t 是否等于 1时，应用 t==1，注意"="与"=="的用法。

（23）A【解析】在 C 语言中，数组元素是从 0 开始的。指针变量 p 指向数组的首地址，(p+2)就会指向数组中的第 3 个元素。题目中要求输出的是元素的值。

（24）C【解析】本题考查的是二维数组的定义和初始化方法。C 语言中，在定义并初始化二维数组时，可以省略数组第一维的长度，但是不能省略第二维的长度，故选项 C 错误。

（25）B【解析】在内存中，字符数据以 ASCII 码存储，它的存储形式与整数的存储形式类似。C 语言中，字符型数据和整型数据之间可以通用，也可以对字符型数据进行算术运算，此时相当于对它们的 ASCII 码进行算术运算，在本题中，s++相当于 s=s+1，即让 s 指向数组中的下一个元素。

（26）C【解析】该题稍微难一点。主要要清楚以下几点：①定义了一个指针数组 char *p[2]后，程序中第一个循环 for(i=0;i<2;i++)p[i]=ch[i];的作用，是使指针数组的 p[0]元素(它本身是一个指针)指向了二维数组 ch 的第一行字符串，并使指针数组的 p[1]元素指向二维数组 ch 的第二行字符串，这样，就使指针数组 p 和二维数组 ch 建立起了一种对应关系，之后对二维数组 ch 的某个元素的引用就有两种等价的形式:ch[i][j]或 p[i][j]；②对二维数组 ch 的初始化，使其第一行 ch[0]中存入了字符串"6937"，第二行 ch[1]中的内容为字符串"8254"；③程序中第二个循环中的循环体 s=s*10+p[i][j]-'0';的功能为每执行一次，将 s 中的值乘以 10(也即将 s 中的数值整体向左移动一位，并在空出来的个位上添一个 0)，再将当前 p[i][j]中的字符量转换为相应的数字，然后把这个数字加到 s 的个位上；④注意到内层循环的循环条件 p[i] [j]>'\0 '是指 p[i][j]中的字符只要不是字符串结束标志'\0'就继续循环，语句 j+=2；是使下标 j 每次增加 2，也即一个隔一个地从 p［i］所指向的字符串中取出字符。经过上述解析后，不难看出，该程序首先从 p［0］所指向的字符串"6937"中一个隔一个地取出字符，分别是'6'和'3'，然后从 p［1］所指向的字符串"8254"中一个隔一个地取出字符，分别是'8'和'5'，同时经过转换和相加运算后，结果 s 中的值应该是 6385。

（27）D【解析】在格式输入中，要求给出的是变量的地址，而 D 答案中给出的 s[1]是一个值的表达式。

（28）D【解析】 C 语言中的预处理命令以符号#开头，这些命令是在程序编译之前进行处理的，选项 D 的描述错误。

（29）B【解析】本题中 typedef 声明新的类型名 PER 来代替已有的类型名，PER 代表上面指定的一个结构体类型，此时，也可以用 PER 来定义变量。

（30）B【解析】 getchar 函数的作用是从终端读入一个字符。

（31）B【解析】选项 A 中定义的初值个数大于数组的长度；选项 C 中数组名后少了中括号；选项 D 中整型数组不能赋予字符串。

（32）A【解析】在给 p 和 q 数组赋初值时，系统会自动添加字符串结束符，从题目中可以看出数组 p 和 q 都有 3 个字符，所以长度均为 3。

（33）A【解析】函数 fun(char _s[],int n)的功能是对字符串数组的元素按照字符串的长度从小到大排序。在主函数中执行 fun(ss,5)语句后，_ss[]={"xy", "bcc", "bbcc", "aabcc", "aaaacc"},ss[0],ss[4]的输出结果为 xy,aaaacc。

（34）C【解析】函数 int f(int x)是一个递归函数调用，当 x 的值等于 0 或 1 时，函数值等于 3，其他情况下 y=x2 -f(x-2)，所以在主函数中执行语句 z=f(3)时，y=3×3-f(3-2)=9-f(1)=9-3=6。

（35）B【解析】考查指向字符串的指针变量。在该题中，指针变量 p 指向的应该是该字符串中的首地址，p+3 指向的是字符串结束标志'\0'的地址，因而*(p+3)的值为 0。

（36）D【解析】本题考查链表的数据结构，必须利用指针变量才能实现，即一个结点中应包含一个指针变量，用它存放下一结点的地址。

（37）B【解析】以"wt"方式写入的是字符文件，转义字符'\n'被看作两个字符来处理。而"wb"方式写入的是二进制文件，转义字符'\n'是一个字符。

（38）A【解析】本题考查的是位运算的知识，对于任何二进制数，和 1 进行异或运算会让其取反，而和 0 进行异或运算不会产生任何变化。

（39）C【解析】本题主要考查的是用二维数组首地址和下标来引用二维数组元素的方法。通过分析可知，程序中的双重循环定义了一个如下的二维数组：

0　　1　　2
2　　3　　4
4　　5　　6

由于数组的下标是从 0 开始的，所以二维数组元素 a[i][j]表示的是二维数组 a 的第 i+1 行、第 j+1 列对应位置的元素。

（40）A【解析】函数的参数不仅可以是整型、实型、字符型等数据，还可以是指针型。它的作用是将一个变量的地址传递到另一个函数中。当数组名作参数时，如果形参数组中的各元素的值发生变化，实参数组元素的值也将随之发生变化。

二、填空题

（1）调试【解析】软件测试的目标是在精心控制的环境下执行程序，以发现程序中的错误，给出程序可靠性的鉴定；调试也称排错，它是一个与测试既有联系又有区别的概念。具体来说，测试的目的是暴露错误，评价程序的可靠性，而调试的目的是发现错误的位置，并改正错误。

（2）19【解析】在任意一棵二叉树中，度为 0 的结点（即叶子结点）总是比度为 2 的结点多一个。

（3）上溢【解析】入队运算是指在循环队列的队尾加入一个新元素。这个运算有两个基本操作:首先将队尾指针进一（即 rear=rear+1），并当 rear=m+1 时，置 rear=1；然后将新元素插入队尾指针指向的位置。当循环队列非空（s=1）且队尾指针等于队头指针时，说明循环队列已满，不能进行入队运算，这种情况称为"上溢"。

（4）关系【解析】在关系模型中，把数据看成一个二维表，每一个二维表称为一个关系。表中的每一列称为一个属性，相当于记录中的一个数据项，对属性的命名称为属性名；表中的一行称为一个元组，相当于记录值。

（5）操作系统或 OS【解析】数据库管理系统是数据库的机构，它是一种系统软件，负责数据库中的数据组织、数据操纵、数据维护、控制及保护和数据服务。位于用户和操作系统之间。

（6）a【解析】 'z'的 ASCII 码值为 122，经过 c-25 运算后，得 97，以字符形式输出是 a。

（7）1，0【解析】与运算两边的语句必须同时为真时，结果才为真。当执行完 if((++a<0) &&!(b--≤0))时，a，b 的值已经发生了变化。

（8）1 3 5【解析】本题考查了 for 循环语句的使用，break 语句用在本题中是结束 for 循环直接跳出循环体外。当 i=1 时，因为 if 语句条件不满足，所以直接执行 printf("%d\n",i++)；输出 1，同时 i 自加 1；执行第二次 for 循环时，i=3；同样的 if 语句条件不满足，所以直接执行 printf("%d\n",i++)输出 3，同时 i 自加 1；执行第三次 for 循环时，i=5,if 语句条件满足，所以执行 printf("%d\n",i),输出 5，然后 break 语句跳出了 for 循环。

（9）2；2 4 6 8【解析】在主函数中根据整型数组 x[]的定义可知，x[1]的初值等于 2。在 for 循环语句中，当 i=0 时，p[0]=&x[1]，p[0][0]=2；当 i=1 时，p[1]=&x[3]，p[1][0]=4；当 i=2 时，p[2]=&x[5]，p[2][0]=6；当 i=3 时，p[3]=&x[7]，p[3][0] =8，所以程序输出的结果为 2、4、6、8。

（10）35【解析】函数 swap(int _a,int _b)的功能是实现_a 和_b 中两个数据的交换，在主函数中调用 swap(p,q)后，形参指针变量 a 和 b 分别指向 i 和 j，在 swap(int _a,int _b)执行完后，指针变量 a 和 b 分别指向 j 和 i，而指针变量 p 和 q 所指向变量的值没有发生变化，所以输出结果为 35。

（11）BCD CD D【解析】本题考查指向字符串的指针的运算方法。指针变量 p 首先指向字符串中的第一个字符 A，执行 p=s+1 后，p 指向字符串中的第二个字符 B，然后输出值"BCD"并换行，依次执行循环语句。

（12）9【解析】本题考查函数的综合知识。首先，我们可以利用强制转换类型转换运算符，将一个表达式转换成所需类型。如(double)a 是将 a 转换成 double 类型；(int)(x+y)是将 x+y 的值转换成整型。

本题可按部就班地逐步运算：

```
fun((int)fun(a+c,b),a-c)
fun((int)fun(10,5),2-8)
fun((int)15.000000,-6)
fun(15,-6)
9
```

（13） struct aa *lhead,*rchild;【解析】结构体对链表的定义。

（14）fseek(文件指针，位移量，起始点)【解析】本题考查函数 fseek 的用法。fseek 函数的调用形式为：

fseek(文件指针，位移量，起始点)

"起始点"用 0、1 或 2 代替，其中，0 代表"文件开始"；1 为"当前位置"，2 为"文件末尾"。"位移量"指以"起始点"为基点向前移动的字节数。ANSI C 和大多数 C 版本要求位移量是 long 型数据，这样当文件的长度大于 64k 时不致出现问题。ANSI C 标准规定在数字的末尾加一个字母 L 就表示 long 型。